策划委员会主任

黄居正 《建筑学报》执行主编


策划委员会成员（以姓氏笔画为序）

王　昀　北京大学

王　辉　都市实践建筑事务所

史　建　有方空间文化发展有限公司

刘文昕　中国建筑出版传媒有限公司

李兴钢　中国建筑设计院有限公司

金秋野　北京建筑大学

赵　清　南京瀚清堂设计

赵子宽　中国建筑出版传媒有限公司

黄居正　同前

物理乃万物之理。一切生物尽在其理中。我对自然界所有的现象与性质之间的相互关系，到物质的原子都进行了探索……物理学的世界使我感到震撼，并为此而着迷，被其所俘获。不因人类的介入而被左右的自然科学、宇宙的普遍性，无论探索到何种程度都是无穷无尽的。

然而，我认为我的本业——建筑设计，却因人类的介入而提高了"生存的幸福感"。

我从哈佛大学研究生院毕业后，分别在巴克敏斯特·富勒（Richard Buckminster Fuller）、野口勇、丹下健三这三位大师的门下学习。1977 年，我成立了铃木爱德华建筑设计事务所（ESA），此后便是 35 年之久的建筑设计职业生涯。何为人类之幸福？生存之意义何在？通过设计人类的居住空间，我获得了得天独厚、得以反复思考的机会。

不仅如此，我还发现物理学实际上是与人类的生活方式和存在方式紧密相连的学问，是探求真理截然不同的方式。人类的幸福在宇宙之理中。物理并不是学校课堂里所学的那样枯燥无味，它是引领我们能够看到生存的意义以及迄今为止被我们忽略的一切事物的相关性、不可思议与真理二者共存的仙境。

希望此书能够成为将您领入仙境的请柬。

TED@ 东京全球人才搜索（Tokyo worldwide talent search）

下鸭之家（House at Shimogamo）
2006 年京都市左京区

铃木爱德华建筑设计事务所（ESA）的代表建筑作品（P2-P11）

© 古馆克明

## 蜿蜒（Serpente）
### 1987 年长野县轻井泽市

© 株式会社新建筑社

埃迪住宅（EDDI's House）
2002 年

© 大和房屋工业

像美术馆一样的家（House like a Museum）
2008 年镰仓市

Edward Suzuki Design

© 古馆克明

## Joule-A
### 1990 年东京都港区

## WEB
1991 年东京都目黑区

© 古馆克明

Mpata Lodge
1992 年肯尼亚

© 古馆克明

JR 东日本 埼玉新都心站（JR Saitama Shintoshin Station）
2000 年埼玉市

© 古馆克明

警视厅 宇田川派出所
（Udagawacho Police Box）
1985 年东京都涉谷区

© 古馆克明

# 东京俱乐部（TOKYO CLUB）
### 1992 年东京都涉谷区

© 古馆克明

© 纳卡萨合伙人公司（Nacása & Partners Inc.）

将日本传统建筑物中的"界面"活用于近代建筑，是建造健康、持久、宜居、幸福家园所不可或缺的。下面介绍 12 例日本传统中的生活智慧，亦代表着铃木爱德华建筑设计事务所的设计方针。

传统案例                                                                近代案例

## ENGAWA

TRADITIONAL JAPANESE PERIPHERAL CORRIDOR
AS INTERFACE BETWEEN INSIDE AND OUTSIDE
作为外和内的界面的
**檐廊**

## TSUKIMIDAI

MOONGAZING TERRACE
AS INTERFACE BETWEEN HEAVEN AND EARTH
作为上层和下层的界面的
**赏月台**

## NIJIRIGUCHI

NARROW ENTRY TO TEAROOM
AS INTERFACE BETWEEN ORDINARY AND SPECIAL
作为普通和特别世界的界面的
**蹒口**

※ 将在本书第 4 章中详细介绍"界面"

## SHAKKEI

BORROWED SCENERY
AS INTERFACE BETWEEN HOUSEHOLDS

作为家庭之间界面的
**借景**

摄影 / 古馆克明

## TSUBONIWA

POCKET GARDEN
AS INTERFACE BETWEEN INSIDE AND OUTSIDE
AS WELL AS BETWEEN INSIDE AND INSIDE

作为外与内、内与内界面的
**坪庭**

## TOKONOMA

STAGE IN A TEAROOM
AS INTERFACE BETWEEN HOST AND GUEST
AS WELL AS BETWEEN INSIDE AND OUTSIDE

作为主人与客人之间、内与外之间界面的
**壁龛**

※ 无著作权标识的照片，均为铃木爱德华建筑设计事务所摄影或是可自由使用的照片素材

传统案例 近代案例

摄影/高桥昌嗣

## IRORI

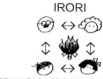

HEARTH WARMS NOT ONLY THINGS AND BODIES
BUT ALSO THE HEART
AS INTERFACE BETWEEN INDIVIDUALS

不仅可以温暖物品与身体
同时还能温暖人心，作为人与人之间界面的
**围炉里**

## SHOJI SCREEN AND LOUVERS

TO SOFTEN HARSH LIGHT

柔化光线的
**隔扇、帘子、百叶窗**

## ROTENBURO

TRADITIONAL JAPANESE OPEN-AIR BATH
AS INTERFACE BETWEEN
NATURAL AND MAN-MADE, OUTSIDE AND INSIDE

作为人工与自然、外与内之间界面
**传统日式露天温泉**

摄影/太田宏明

传统案例

近代案例

## EAVES

夏

冬

TO ALLOW WINTER SUN IN
AND PREVENT SUMMER SUN
AND RAIN OUT

冬日迎接阳光 夏日遮蔽日晒、风雨的
房檐

## NATURAL CROSS VENTILATION

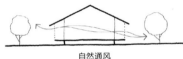

自然通风

## AKARI, ANDON, CHOCHIN

CANDLELIGHT , (FLOOR) STAND , LANTERN
TO SUIT THE EYE LEVEL OF LIFE ON TATAMI MATS

契合畳上（TATAMI）生活视线的
照明、行灯、灯笼

※ 无著作权标识的照片，均为铃木爱德华建筑设计事务所摄影或是可自由使用的照片素材

精锐的铃木爱德华团队，

亦即匠人集团。

当遇到大项目时，OB 们也会前来增援。

大家在默默推进自己工作的同时，充分发挥团队力量。

提供将人、自然、文化、生活、个性、功能、美等

融为一体的、相互协调的建筑空间的方案，

意在让使用者的世界变得更加美好。

一边品尝日常生活中微不足道的喜悦与感动，

一边持续建造能够实现幸福感的建筑，

是铃木爱德华建筑设计事务所（ESA）的使命。

1977 年，铃木爱德华建筑设计事务所与木村顺二先生基于罗丹的"思想者"，勾画了"大猩猩"的形象，并自此一起踏上征程。进入 21 世纪，他们将继续思考自然环境与人工环境。

# 设计的哲学

## 铃木爱德华

[日] 著

奚望
王曲辉——译

GOoD DESIGN

中国建筑工业出版社

# 丛书序

在建工社一直从事日文版图书引进出版工作的刘文昕编辑，十余年来与日本出版界和建筑界频繁交往，积累了不少人脉，手头也慢慢攒了些日本多家出版社出版的好书。因此，想确定一个框架，出版一套看起来少点儿陈腐气、多点儿新意的丛书，再三找我商议。感铭于他的执著和尚存的理想，于是答应帮忙，组织了几个爱书的学者、建筑师，借助他们的学识和眼光，一来讨论选书的原则，二来与平面设计师一道，确定适合这套图书的整体设计风格。

这套丛书的作者可谓形形色色，但都是博识渊深、敏瞻睿哲的大家。既有20世纪80年代因《街道的美学》《外部空间设计》两部名著，为中国建筑界所熟知的芦原义信，又有著名建筑史家铃木博之、建筑批评家布野修司，当然，还有一批早已在建筑世界扬名立万的建筑师：内藤广、原广司、山本理显、安藤忠雄……

这些著作的文本内容，大多笔调轻松，文字畅达，普通人读来，也毫无违碍之感，脱去了专业书籍一贯高深莫测的精英色彩。建筑既然与每一个人的日常生活息息相关，那么，用平实的语言，去解读城市、建筑，阐释自己的建筑观，让普通人感受建筑的空间之美、形式之美，进而构筑、设计美的生活，这应该是建筑师、理论家的一种社会责任吧。

回想起来，我们对于日本建筑，其实并不陌生，在20世纪八九十年代，通过杂志、书籍等媒介的译介流布，早已耳熟能详了。不过，那时的我们，似乎又仅限于对作品的关注。可是，如果对作品背后的建筑师付之阙如，那样了解的作品总归失之粗浅。有鉴于此，这套丛书，我们尽可能选入一些有关建筑师成长经历的著作，不仅仅是励志，更在于告诉读者，尤其是青年学生，建筑师这个职业，需要具备怎样的素养，才能最终达成自己的理想。

羊年春节，腰缠万贯的中国游客在日本疯狂抢购，竟然导致马桶盖一类的普通商品断了货，着实让日本商家莫名惊诧了一番。这则新闻，转至国内，迅速占据了各大网站的头条，一时成了人们茶余饭后的谈资。虽然中国游客青睐的日本制造，国内市场并不短缺，质量也不见得那么不堪，但是，对于告别了物质匮乏，进入丰饶时代不久的部分国人来说，对好用、好看，即好设计的渴望，已成为选择商品的重要砝码。

这样的现象，值得深思。在日本制造的背后，如果没有一个强大的设计文化和设计思维所引领的制造业系统，很难设想，可以生产出与欧美相比也不遑多让的优秀产品。

建筑亦如是。为何日本现代建筑呈现出独特的性格，为何日本建筑师屡获普利兹克奖？日本建筑师如何思考传统与现代，又如何从日常生活中获得对建筑本质的认知？这套丛书将努力收入解码建筑师设计思维、剖析作品背后文化和美学因素的那些著作，因为，我们觉得，知其然，更当知其所以然！

黄居正

2015 年 5 月 5 日

# Praise for GOoD DESIGN

（为 GOoD DESIGN 欢呼）

工作即哲学的发现，是建筑师铃木爱德华"自然探究之心"的恩赐。

——GK 设计集团会长 **荣久庵宪司**

真正的知性是对无解的问题抱有持之以恒的追问能力。铃木爱德华先生便是其真正的知性主人。本书是在其博大的精神以及真挚的探究之心的支撑之下所完成的"通向知识宇宙的遥远之旅的记录"，他的洞察之光甚至惠及了他年轻时所追随过的巴克敏斯特·富勒先生未能企及的地平线之上。

——思想家、诗人 **田坂广志**

阅读此书，会使我们所看见的世界像是从一般清晰突变成高分辨率。建造宇宙之形状的"设计语言"被一点点解读，使我们知道了科学、设计、人类文明的正念场已经开始。而对于认为这颗星球"没有未来"的人来说更值得一阅。

——文化人类学者，地球扫盲计划（Earth literacy program）代表 **竹村真一**

铃木爱德华先生在成为建筑师之前，作为一个普通人就已开始探究宇宙和生命的意义。21 世纪将从自然之中探究最佳生活方式，而本书正是不可多得的提案之书。

——JT 生命志研究馆馆长 **中村桂子**

GOoD DESIGN 解决了能源等世界性课题，是创造美好世界的个人哲学。

——庆应义塾大学大学院媒体设计研究科教授 **石仓洋子**

铃木爱德华先生与其所敬重的巴克敏斯特·富勒一样，超越了设计师的范畴，成为科学家和探路者。追求"自然的建造"的铃木先生在本书中清晰地阐述了自己的宇宙观和自然观。

——五井平和财团理事长 **西园寺裕夫**

我在美国进行富布赖特（Fulbright）留学生考试（1973年）时，初次遇见了铃木爱德华，他给我印象最深的是其对问题的快速反应。求学于美国哈佛大学以及在巴克敏斯特·富勒门下就职，可称其为具有国际视野并积极付诸行动、多才多艺的建筑师。本书里他毫不吝惜将其独特的思考方法及设计哲学公之于众。

——建筑师 **竹山实**

铃木先生的建筑风格通常显现出来的是自然与风土交相呼应之美，并有别于西方的现代主义，是环境革命时代的先驱设计，且不局限于建筑空间这样狭小的领域，不断进行创造性的挑战。作为园林专家，我对铃木先生充满了敬意。

——东京都市大学教授、岐阜县立森林文化学会学长 **涌井史郎（雅之）**

爱德华的设计时常是以最少的能耗，发挥最大的效率，即Dymaxion（最大限度利用能源的，以最少结构提供最大强度的），并将巴克敏斯特·富勒的思想传授给了下一代。

——巴克敏斯特·富勒合作伙伴、纽约野口勇财团顾问 **贞尾昭二（Shoji Sadao）**

送给立志于设计的年轻学生们。吾之友人，世界建筑家铃木爱德华先生所著之书，将成为扩展各位无限可能的契机。

——室内设计师 **内田繁**

铃木爱德华之所以能全身投入于工作，在于其总是能够从某个地方听到"地球的歌声"和"宇宙的私语"，并用身体的直觉与科学的睿智相互调和宇宙之美。

——电影导演 **龙村仁**

本书出色地总结了服务于我们宇宙正负关系的协同作用。

——TIS & TED 东京创始人 **帕特里克·纽维尔（Patrick Newell）**

\* 书中人物的头衔均为日文原书出版之时的情况。

"神"的意思和形象因人、民族和宗教而异。
对我而言"神"即为广阔无垠的宇宙（自然），
是创造看得见与看不见的全部宇宙的无形之力。

本书分为 12 章，
既有妙趣横生的部分，也有枯燥乏味的部分；
大可不必依照顺序阅读；
最好是像到处旅游一样，随心所欲就好！

（注：本书日文书名："神のデザイン哲学"，直译为"神的设计哲学"，
或"自然的设计哲学"。本书译为"设计的哲学"，意指铃木爱德华先生之设计的哲学）

# 前言

## 为了日本与世界的未来

人类为了幸福而生。幸福对我而言，就是日常生活中点点滴滴感动的不断叠加。无论是何种类型的建筑，都要深思熟虑地用心设计出只要居住者和使用者在那里，就能切身体会到的幸福感。

我从哈佛大学研究生院毕业后，曾就职于丹下健三都市建筑设计事务所，之后于 1977 年成立铃木爱德华建筑设计事务所，从一个面积不到十平方米的事务所开始创业。初期因缺乏对日本社会的足够理解，经历了很多不尽人意的事情。但是，既然幸福是点滴感动的不断叠加，那就建造哪怕是只有一点点也能让人体验到更多为之感动的建筑物吧！正是依靠这一信念，才一步一个脚印地走到了今天。我曾参与了私人住宅和集合住宅、车站、学校、公共设施、文化设施、音乐厅以及商业设施等多种类型的建筑设计与结构设计。2013 年，迎来了株式会社成立 35 周年纪念日。

作为这样一个建筑师的我，为何要以"科学和神（自然）的设计哲学"为主题而著书？为何要出版以《GOoD DESIGN》为名字的书？读者们可能会感到有些不可思议。2011 年 5 月 25 日，我在母校——圣玛丽国际学校（St. Mary's International School）（东京都世田谷区）毕业式的演讲或许可以给大家提供答案。在"3·11"东日本大地震之后不久的毕业式上，以下赠送给毕业生的演讲内容是我执笔本书最大的原动力，并希望也能够将此传递给世界的人们。

　　祝贺你们——2011 年毕业班的同学们！对大家而言，今年不仅仅是毕业之年，还是一个无法忘却之年。

　　我对科学的喜爱甚至可与建筑比肩。因为科学是对"自然的构造"的探究。我将"自然的构造"命名为"神（自然）的建筑"＝"GOoD

DESIGN"。

我最敬爱的思想家巴克敏斯特·富勒（1895-1983年）曾这样说过：
"如果诗是用最少的词汇来表达真理的话，那史上最伟大的诗人岂不非
阿尔伯特·爱因斯坦（1879-1955年）莫属？因其只用'$E=mc^2$'三个
字母就概括了整个宇宙万物。"

"GOoD DESIGN"的确可称为诗。因为"GOoD DESIGN"亦即 Good
Design——简洁且美观。GOoD DESIGN 既生态又经济。自然界里不存
在"浪费"和"垃圾"，且 GOoD DESIGN 最为重要的关键点是其"关
系性"。宇宙的基本单位原子有 99.999% 的空间是空的。其本身并非是非
物质，有的只是相关性。

"地球号宇宙飞船"（Spaceship Earth）也因其关系性而成立。英国科学
家詹姆斯·洛夫洛克（James Ephraim Lovelock，1919-2022 年）博士早
在 50 年前就提出了"地球是一个生命体"的盖亚假说。他称："地球上
所有的事务，从有机物到无机物，无不遵循'自我规则'，图谋'自我
安定'。"

不用说地球现已发生了异变。受全球变暖的影响，各地自然灾害不
断，人类社会也失去了平衡。2001 年，有本将网络上所传播的信息归纳
而成的书，书名叫《如果世界是 100 人的村庄》（MAGAZINE HOUSE 出
版）。书中这样写道：

"100 个人中，20 人缺乏营养、1 人濒临死亡，而 15 人过于肥胖。全
部的财富中有 59% 的财富被 6 人所占据，他们均为美国人。74 人占有
39%、余下的 20 人只占到 2%。全部的能源中，20 人使用 80%，余下 80 人
平分 20%。1 人获得大学教育，2 人持有电脑，然而有 14 人是文盲。"

为什么会有这样不平等的世界？

英国经济学家托马斯·罗伯特·马尔萨斯（Thomas Robert Malthus，1766-1834 年）曾被东印度公司（East India Company）派遣到世界各国进行某一研究，他发表了"因人类的人口增长超过了粮食生产，因此100% 的人类将无法生存下去"这一研究成果。

之后，生物学家查尔斯·达尔文（1809-1882 年）认为"如果真是那样的话，基于'弱肉强食'这一原则，那么只有强者生存。"此后，德国经济学家卡尔·马克思（1818-1883 年）谈论道"如果马尔萨斯与达尔文所言正确，那么直接参与生产的劳动者应该生存下去。"

历史的潮流中，20 世纪 40 年代的阿道夫·希特勒（1889-1945 年）曾主张"日耳曼民族是最优秀的民族，所以他们必须生存。"20 世纪 90 年代在东欧的巴尔干半岛，也有以民族净化的名义发动的战争。

在最近的 2008 年 9 月，发生了因投资银行雷曼兄弟公司破产而引发的世界金融危机，即"雷曼事件"。各国的金融机构为了生存至今依然还在持续战斗。当然，这不是通常意义上的战争，但说是一种战争也并不过分。为什么会发生这样的事情？基于马尔萨斯的结论和达尔文"弱肉强食"的理论，那就是即便牺牲他人也要让自己生存下去是自然的法则，是正确的、美好的。

1957 年联合国粮食及农业组织（FAO）在一份报告中刊载了这样的新闻："人类的科技发展至今，首次使生产满足所有人类生存需求的粮食成为可能的成就"。当今世界的领袖以及政治家，有几人关注这一事实呢？即便知道，又有几人认真地接受这一事实呢？

动物依然生存在"弱肉强食"的世界之中。但是，动物绝不会做徒劳无益的厮杀，更何况是持有恶意的厮杀。它们会进行由"生物学的必然性"而引发的厮杀，为的是生存。

这绝非说所有的竞争都是恶意的。举例来说，在奥林匹克竞技场上的竞技就是积极的、有建设性的。

但基于"弱肉强食"的原理而进行的宗教、意识形态、权力、欲望以及游戏般感觉的战争则都是消极的，且具有破坏性的。

最近，科学界正在不断证明一个事实。那就是相比"竞争"，事实上生物更是通过"协作"生存并进化至今日的。举个简单易懂的"协作"实例。我们的身体由几十兆个细胞组成。据说每千克有 1 兆个细胞。那么，体重 70 千克的人就是依靠约 70 兆个细胞来支撑。试想一下，如果每个细胞都随意思考，随意行动的话将会怎样？更何况如果相互之间开始吵架的话又将会怎样？勿用说，身体也就不成为身体了。

大约有 70 亿人居住在我们的地球上。也许你会想 70 亿是一个巨大的数字，但如果与人体细胞数量（体重 70 千克的人约有 70 兆个细胞）相比的话，只有其万分之一，岂不是非常小的数字。

70 兆个没有大脑的各个细胞，如果能够相互协力合作，以此维持生命体的话，那么拥有"大脑"且只有"70 亿"的人类，就更应该相互合作，可以维持被称为地球的这一生命体。

另外一个最近科学界不断争辩的事实是，决定人的"善"与"恶"的，是"DNA（遗传）"还是"环境（如教育）"？抑或是"自然"（NATURE）还是"环境"（NURTURE）？

自从生物学家詹姆斯·杜威·沃森（James Dewey Watson，1928 年 - ）与弗朗西斯·克里克（Francis Harry Compton Crick，1916-2004 年）二

人于 1953 年发现 DNA 双螺旋（DNA double helix）以来，人们一直认为"人的善与恶均由 DNA 所决定——物质的身体自不必说，甚至连我们的个性也由 DNA 所支配。"

但是今天，美国遗传学家布鲁斯·利普顿（Bruce Lipton，1944 年－）对此作出如下阐述：

"DNA 的确重要，但根据我长年研究的结果，日益变得明朗的是'环境'比 DNA 更为重要。环境可分为看得见和看不见的环境，看不见的环境总的来说即是我们的思考、内心、心情，这些比什么都重要。环境甚至拥有可以改变 DNA 的能力。"

也就是说，自古以来公认的"病从气中来"已得到了科学上的证实。利普顿还说："人，特别是对孩子而言，最大的环境是家庭内的'爱'。"

学生时代，我阅读了奥地利动物行为学家康拉德·洛伦茨（1903-1989年）所著的《攻击——恶的自然志》（MISUZU 书房）一书，深有感触。但无法接受其最后一节中的想法。洛伦茨称："动物之间是'攻击心'在驱使，基于'弱肉强食'这一理论而生存。但这一攻击心如果在同种内部，即同种类动物之间发生的话，则这种动物就会消亡，所以这是不被允许的。那么如果真是这样的话，其攻击心将会如何变化？"洛伦茨又称："其将转变成'爱'"。那时我反问道："这岂不是太过于言过其实的人类情感论吗？"然而，近来我逐渐意识到洛伦茨是正确的。

列举"爱"或者"体谅"之类的词语，也许有人会想说这是什么虚浮的事。但我绝无大言不惭之意。我一直确信"爱"或者"体谅"是"生物学的必然性"。我个人确信这一物质宇宙是依靠精神的、非物质的"意识"来维持的，终究会有一天，这一物质宇宙的"四种力"，即"电磁力""强核力""弱核力"以及"引力"（详见第 10 章）将会统一起来。至今尚未被发现的"力"实际上除了"爱"别无他物。无论谁证明了都绝不会感到吃惊。

那么，人世间的现状究竟怎样呢？就像"9·11"（2001 年 9 月 11 日美国同时发生多起恐怖袭击）所象征的那样，大部分是因充满仇恨而导致的复仇、再复仇……我认为现今的世界领导者和政治家们应该会从南非共和国原总统内尔逊·曼德拉（1918 年 7 月 18 日 - 2013 年 12 月 5 日）身上学到许多东西。他在牢中服刑了 27 年之久，这甚至可能比你们中的一些迄今为止所生活的历程还要多出约 10 年。在终于重获自由之时，他又做了些什么？绝对不是复仇。他原谅了一切，随水流逝，清零并重新开始。无论白人还是黑人，相互承认此前的错误，相互原谅，清零重新开始。曼德拉说道："原谅是第一步！原谅可使灵魂自由。唯有原谅才是消除恐惧最为有力的武器。"

我总是会情不自禁地思考曼德拉在服刑期间，是不是有某种形式的"精神上的觉醒"和"意识革命"。我们虽是家庭不同、表情各异，但实际上是共存的。即我中有你，你中有我。各位是否意识到了我所说的呢？

如前所述，"环境"战胜了"自然"。然而，人世间绝非到处都是富裕的环境。也有很多孩子生活在贫穷的环境之中。对于这些孩子们，我来提示一下"未来"（FUTURE）。在动物中，人类是唯一拥有"意识"（MIND）这一引以为豪能力的群体。由于拥有意识，人类对未来充满梦想，怀揣希望。没有梦想和希望就不可能有未来。

毕业生们，你们是我们的未来，未来掌握在你们的手中！你们即将进入大学，终有一天也会走向社会。届时，希望你们能想起我今天所说过的话，哪怕是一点点，敬请受用。人类易负于诱惑、怒易树敌。在上班或上学高峰时段的站台上，如果自己会被不认识的人无意撞到，那么生气前就该先想想，事实上是谁的过错？即便假定是错在对方，那么他们或许也有可能是家中某位亲人病危……那种情况下，请努力换位思考。如果在他人身上能找到自己的话，那么看待"他人"的眼光也将会发生变化吧！这样的"精神觉醒"和"意识革命"是你们走向明天的唯一希望！

我一直确信"人生就是不断唤醒追忆原本从何处而来"的过程。是的，我们源于自然，亦将回归于自然。这就是 GOoD DESIGN。在进化的过程中，巨大的跳跃总是预示着危机的到来。地球号宇宙飞船也正处在危机四伏的十字路口，处于突破与崩溃的分水岭。为了突破，最为重要的是你们每一个人的觉醒，进行个人的革命，而非社会的觉醒。

为你们祈福！再次祝贺大家！

*

以上是为母校（天主教男子学校）毕业生所进行的演讲。

我在成为一名建筑师之前首先是人。作为被宇宙赋予生命的人而言，我以个人的方式就生命本身以及宇宙的意义进行了长时间的研究，并且还将继续这没有尽头的探索。各位一定也有与我同样持续探究宇宙与生命意义的伙伴吧！通过此书，如果能够遇到可以共同思考、共同交流的朋友的话，那就更加值得高兴了。

最后，期望我们能够共筑美好的未来！

铃木爱德华

2013 年 6 月于东京

# 目录

# 第 1 章

## 何为设计？

## 设计是诗（Poetry）

在"前言"中已触及一些关于巴克敏斯特·富勒的内容。

巴克敏斯特·富勒曾这样说过："如果诗是用最少的词汇来表达真理的话，那史上最伟大的诗人岂不非阿尔伯特·爱因斯坦莫属？因其只用了'$E = mc^2$'中的三个字母就概括了宇宙万物。"

从这一席话中便可知，他是一位学者，并且还是建筑师、几何学者、思想家、设计师、发明家，而且还是将爱因斯坦称作诗人的诗人。

在后面我也将详细叙述。我的大学毕业设计是"飞翔之家"。"'飞翔之家'＝球体"，为了探究如何分割球体而在图书馆查找文献时，第一次知道了富勒，并受到了富勒于1947年设计的高穹顶建筑物"富勒球"的大胆构想的强烈冲击。自那天起，我便将他作为我最敬爱的伟人永远铭刻在心。更未曾料到的是日后竟有机会成为他事务所的一员。

我本人所主张的设计，并不局限于设计师或建筑师领域的设计。我一直认为设计的根基源自"宇宙"和"自然"。

暂且不谈狭义的设计，更想分享一下我执迷于"宇宙"和"自然"活动的设计观。

对我而言，所谓设计即诗（Poetry）本身。亦即"如何以最小的代价创造最大的效果?"

这一观点源于富勒，更是源于自然。从宇宙到自然，真理不停地降临在我的身上。其意义在于，我的设计是"自然主义"的，至少是在朝着那个方向努力。

## 自然主义的设计

对我而言，所谓"自然主义"的设计是指通过深入捕捉自然的摄理、现象、形状及其原理，而学习到的设计。不是以人类主导的姿态来捕捉自然，而是从尊重自然，学习自然开始。

"自然设计"之所以强烈吸引着我的原因，是因为它毫无"浪费"，且结果也"很美"。所谓自然主义的设计，即探究耗能的最小化与效果的最大化。举例来说，在自然界之中，某一物体从点 A 移动至点 B 时，最短的直线距离是将两点直接进行连接，由此就不会绕远。

如前所述的富勒球就是典范。如果对这一近似于球体的形状进行更加细致的解析，就会发现它是由若干个三角形所构成的。而每一个三角形都是由直线而并非弧线构成，而后以耗能极低的方式进行连接。

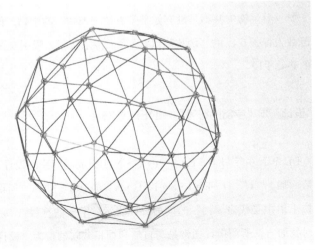

富勒球概念模型

摄影 / 田中麻以

附带说一下，研究自然界中的"容器"，就会知道它们几乎与富勒球构造无异。感冒以及肆虐世界各地的流感病毒的"壳"，亦即其"容器"就是如此。富勒球构造具有较高的强度，且具有表面积小体积大的特征。对于病毒而言，这是最为高效且经济实用的容器。也就是说富勒球是基于自然界的智慧建造而成的最为经济的构造物。

如众所周知病毒的外壳那样，自然界的事物会以最小限度的设计获得最大的效果，即形状设计。人们很容易误解设计等于装饰，那是错误的。如果能充分探究自然界的话，那么所谓设计则是"削减"而非"增加"的行为。在满足全部功能的同时，如何减少浪费也是一种挑战。

通常肉眼是无法看到病毒的。举个简单用肉眼能看到的例子，如在水中快速游动的鲨鱼和海豚，或者空中飞翔的秃鹫吧！它们在各自的环境下，为了具有必要的速度，去掉了多余的东西，构成了必要的、最小限度的形状设计。

乍一看生物中并不是没有像是带着"装饰物"的生物，但那是用来防范敌人保护自己的"伪装"，以及为了传宗接代、吸引交配伴侣而采取的必要手段。

## "设计"是"宇宙的符号"= DEI · SIGN

DESIGN 由字母 D · E · S · I · G · N 所组成。但我的设计是在"E"的后面加上"I"。D · E · I · S · I · G · N，即 DEI · SIGN。所谓"DEI"，在拉丁语中是代表"神"的词语，即表示"宇宙的符号""宇宙的标记"。对我而言，所谓设计通常是与自然和神相关联的行为。设计本身就是从自然中获取灵感，发现其摄理，并以自己的方式应用在创造之中。

我于 2012 年，成为已有 60 年历史的"GK 设计"集团会长，同时也成为创造了日本工业设计历史的荣久庵宪司（1929 年 -）的"荣久庵塾"的一名学员。"荣久庵塾"与荣久庵先生的精神一样，尽是设计所未涉及的话题，过去与未来、日本与世界、宗教与科学等纵横驰骋的"荣久庵的世界"被依次展开。一次在荣久庵先生演讲完后，我向他提出了以下问题：

"对荣久庵先生而言，所谓设计是什么？"荣久庵先生将视线略微向远处眺望后回答道："设计就是将想法变成形状吧？"

听到这样的回答后，我内心十分激动。因为荣久庵先生这简短的回答，解决了我多年的困扰，与"为什么是宇宙创造了这个世界"的答案甚至是一致的。是的，我认为宇宙依照自身的意愿创造出了所希望的形状，进而诞生了宇宙设计的世界。创造者——即宇宙，用肌肤来感触意愿和意识，将它们作为在物理上可以"意识"的一种"表现"，随即为自己的"想象"赋予（创造）形状和设计。物理上的形状，亦即被赋予的表象，都是我们可以通过五官来感受的美妙之物。映入眼帘的美丽晚霞、用肌肤感受婴儿的柔嫩皮肤、用耳朵欣赏贝多芬的交响乐曲、鼻孔内残留的丹桂余香、穿越咽喉的冰镇啤酒、以舌尖品尝到的食品的美味……大家的想法不是都变成了形状吗？

**仿生学——向大自然学习**

近来，被称为仿生学（Bio-mimicry）的研究变得日益活跃起来。仿生学是"模拟、复制"之意。即探究生物，并将其原理运用于实际之中的学问。世界各国许多不同领域的人们都开始注意到这点。人们终于开始意识到要与自然共存，并探究自然。对于远超人类历史和科学历史而生存下来的所有生物，都凝聚了生存的"智慧"。

2010 年 1 月 23 日，日东电工株式会社对外发布已开发出了模仿壁虎黏性的强力胶带。贴在墙壁上，转动壁虎脚心内稠密的细毛，细毛的前端与墙面的凹凸部分依靠分子级吸附而产生黏着力。这正是仿生学。如果是边长为 5cm 的正方形胶带的话，据说可悬挂 115kg 重量的物品。

仿生学研究领域的专门书籍和网站如下所示：

（http://biomimicry.net/about/biomimicey38/institute/）。

我想介绍网站中的几个非常有趣的仿生学案例。

首先介绍的是从在水边栖息的翠鸟的喙所学到的设计。这是日本 500 系新干线车头的形状。其细长独特的形状，事实上是以翠鸟喙为原型的。

为什么要模仿翠鸟的喙进行设计呢？

以前，新干线在进入隧道时，因受到空气阻力的影响，就会发出"咣"的巨大爆音。当时，JR 西日本技术开发推进部实验实施部的仲津英治采取了将车头形状改为尖锐且平滑的形状便可解决这一问题的方案。那时设计所参考的便是翠鸟喙。

翠鸟为了捕捉鱼类等食物，从流体阻力小的空中跃入阻力大的水中。其姿势与突入隧道的新干线同样，仲津向开发团队极力主张车头形状应与翠鸟喙一样变成尖锐且平滑的必要性。于是，开发团队利用超级计算机进行分析，结果表明正如仲津所预测的那样，接近于翠鸟喙的形状是最不易产生爆音的。

而且报告中还指出，模仿翠鸟喙的车头造型不仅降低了爆音，而且提高了约 15% 的能源效率及约 10% 的速度。

翠鸟

摄影 / 朝仓秀之

接下来为大家介绍从蚂蚁巢穴中学到的高层建筑。

非洲栖息着能建造巨大蚂蚁巢穴的白蚁，而且如果仔细观察巨型巢穴，还会发现当中设置了烟囱。这个烟囱将自然的空气流吸入巢穴，发挥着"空调"的作用。实际上，据说即使在非洲一些冷暖温差悬殊的地域，巢穴内的温差也仅有 1℃左右。

非洲南部的津巴布韦共和国的高层建筑已运用了这一原理。通常设置的空调系统，因其采用了从蚂蚁巢穴学到的原理进行设计，进而降低了约 350 万美元的导入成本。

最后再介绍从荷叶上所学到的设计。

滞留在荷叶上的积水一定会变成球状，其秘密在于荷叶的表面结构。

用纳米级显微镜进行观察，就会发现荷叶表面上有许多蜡质乳突，而由于水无法进入蜡质乳突的间隙内，进而因表面张力变成了球状。荷叶之所以把水变成球状，是因为变成球状的水能够接二连三地从荷叶面上滚落下去，以此保持自净。

于是，基于这一原理，带有自净功能的纤维材料应运而生，而且作为防水材料，也应用到了雨伞和雨衣等方面。

很久以前"自然"与"技术"是对立的。都认为"人类所开发的技术非常棒"，只有那样才能显示出人类征服自然的气势。而时至今日，科学家之间已经明确了"没有超越自然的技术"。所以，设立了被称为仿生学的这一全新领域，重新观察自然，并期待运用其原理的研究可以日益受到关注。


## "结构"与"形状"


建筑师在思考设计时，必须要考虑"结构"和"形状"这两个要素。结构常常容易被认为等同于形状，实则截然不同。的确，有时结构确实会直接与形状相关联，但实则是不同的东西。而且所有的结构都是以三角形为基础的。

再次强调一下，富勒球是由基本三角形组合而成的，四角形是不可能稳定的。

那么，为什么说四角形会是不稳定的？明明许多建筑物看起来都是四角形的！

## 结构与形状的基础

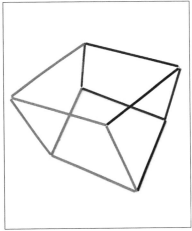

用四角形制作的正方体很易歪斜

四角形极易变形

用三角形制作的四面体是稳定的结构

三角形是自我稳定的形状

摄影/田中麻以

如上图所示，将长度相同的4根木棍用活动式接头进行连接，并做成正方形的模型。一旦给模型加力，正方形轻而易举就会崩塌。即使将正方形变成由六个正方形组成的正方体，稍微加力也会倒塌。

而将3根木棍用活动式接头进行连接，并做成正三角形的模型，即使加力三角形也不会变形，不会崩塌。由四个正三角形组成的正四面体同样具有突出的稳定性。总而言之，无论是二维还是三维，三角形是最简单且拥有自我稳定性的形状或结构。富勒球就是以三角形为模块构成的，是稳定且坚固的结构。

由此可看出，结构若不以三角形为基础，则是无法稳定的。但许多人会认为"绝大多数的建筑物都是由四角形构成"的吧？的确如此，如果只是从外观来看的话，建筑物几乎都由四角形构成的。然而，墙体内的剪力撑实质上是以三角形为基础的。如果不这样做的话，结构上就会变得非常脆弱。

如所解释过的那样，用木棍所组成的四角形（二维）和由四角形所组成的正方体（三维）是"形状"而非"结构"。作为唯一可作为"结构"而成立的"形状"是三角形（二维）和由三角形所组成的正四面体（三维）等均是以三角形为基本构成的多面体。

亦即"结构"等同于"内部自立"，在内部保持着力的平衡。而且其主要是由最简单且自我稳定的三角形构成。不言而喻，结构也会被重力和风等外力所左右，所以在此之前必须先"自立"，即便是在无重力和无风的宇宙环境中，结构也必须是自立的。

与此同时，"形状"主要是针对外部要素的。因为形状是根据空气、水、风、引力等外部环境的力的影响来决定的，所以海豚为了在水中快速游进、秃鹫为了在空中快速飞翔就成了最适合的形状。

举个简单易懂的例子，如杯子中上升的水蒸气和蜡烛的烟之形状。观察杯子中上升的水蒸气和蜡烛的烟，就会明白像图1那样的变化。

为什么会变成这样的形状？水杯中上升的水蒸气和蜡烛的烟本应是直线上升，但因为遇到了空气阻力而不得不弯曲，所以变成了图1那样的形状。

图2是在咖啡中加入奶油时，奶油将会变成怎样形状的示意图。奶油也是准备直接倒入咖啡表面，但因遇到咖啡（水）的阻力，而不得不转弯，其结果就成了蘑菇断面的形状。

图3描述的是蘑菇的成长过程。在地面上露出小脸的蘑菇，虽然出土时间不同，但与杯中的水蒸气和蜡烛的烟一样，试图一直努力向上伸展。但因为受到空气、雨和重力等阻力的影响，渐渐蜷缩了起来，并不是因为喜欢蜷缩才这样。

由此可知，"形状"是由外部的压力和阻力来决定的。这是生机勃勃的运动对外力所作出的反应、回答和答案。这一点与在内部保持力的平衡的"结构"有所不同。"形状"与高尔夫、空手道、柔道、合气道的动态"形（型）"有相通之处。"形状"是为了以最小限度的力获得最大效果的设计。高尔夫和柔道也是"依形而动"，便可轻盈、愉悦、高效地击球或将对方摔倒。

这就是保持内部力的平衡的"结构"和与保持外部力的平衡的"形状"的不同之处。

图2

图1

图3

插画/铃木爱德华

参考文献:《初学者的宇宙构建指南》(*A Beginners' Guide to Constructing the Univers*),迈克尔·S. 施耐德(Michael S. Schneide)。

第 2 章 『飞翔之家』、未来的家

## 在罗马的经历

在此，介绍一下我大学时代毕业设计的话题。

1971 年，我从美国圣母大学（University of Notre Dame）5 年制建筑专业毕业。毕业设计是"飞翔之家"。在朋友们纷纷选择了设计现实的建筑物时，我却情有独钟地选择了"飞翔之家"。关于那段经历，我想一边追忆大学时代一边叙述。

1969 年我大学 4 年级时，发生了一件十分有意义的事情。当时建筑学专业的意大利裔美国人校长将建筑专业 4 年级约 40 人的全班学生从美国印第安纳州的本校带到了罗马。校长以前就曾考虑过"让学生到保留有优美传统建筑的意大利去学习。"在我大学 4 年级时终于得以实现。

这是那时未曾听说过的十分有意义的计划。还有更令人欣慰的是这一计划一直持续到现在。来到罗马郊外的我们，把附近学校教室和公寓车库等当作教室，聆听着与美国本校几乎无异的课程。

与本校有所不同的是放假时间。也与在美国时的计划有所出入，特别是延长了放假时间。假期中，我们把不多的钱花在了购买二手汽车和摩托车上，在欧洲大陆上驰骋。巡游了不同风格的城市，鉴赏了许多建筑物自不必说，还耳闻目睹了各种各样的轶闻趣事，经历了独一无二的体验，并吸收了全部事物的营养。

当然这是一次穷游之旅。那是异常强烈的体验感，时至今日当时的朋友们都还会齐声称那是一次"改变人生的经历"。穷学生的就餐不是在餐厅和食堂，而是在专门跳蚤市场和专卖店，购买那里的水果等解决。

某一天，我像往常一样在专卖店购物后，无意中看到那里的叔叔和阿姨流露出无比幸福的笑容，看似绝非富裕的他们笑容却灿烂无比。对于在此之前以金钱作为衡量"幸福与否"标准之一的我，仿佛第一次被触及了心灵深处。与此同时，我也对"金钱到底为何物"有了重新的思考。巡游欧洲各地过程中看到的那个笑容，对我个人而言，仿佛从中学到了部分人生。

## 国际竞赛获奖

经历过那些体验后，我感觉自身的价值观渐渐地清晰起来。放假结束后，大四课程开始之际，我由短发留成了长发，从罗马返回日本的途中又去印度裹了一身粗布嬉皮士服装回来。我竟也有过那样的时代！（笑）。不管怎样，在罗马修完 1 年的课程后，我于 1970 年返回本校。等待我的最大课题是毕业设计。回顾此前所学过的课程，无论如何也想不出能令我笃定"啊！就是这个！"的题目。在无比烦恼之际，我发现了三泽房屋（MISAWA HOMES）的国际设计竞赛，于是抱着一种转换心情的态度前去应募。

竞赛主题是"个人·空间"。即所谓的"装配式住宅在工业化后如何进行个性化设计"这一主题。我的解释是"所谓个人，就是用自己的双手建造自己所希望的住宅吧！"并以 DIY（Do It Yourself）系统为基础进行了设计历练。因为要完成 DIY 系统，所以要尽可能选择轻便的材料。我所导出的答案是空气结构。所谓空气结构，就是以气球为基础，即球体。为使球体结构能够应用在大型住宅上，则需要将球体分成若干份。在这里就遇到了如何分割球体的难题。在调查这一方法的过程中，我来到了富勒球面前。

大学时代的我，1969 年                                    ©铃木爱德华

　　尽管在第 1 章也言及过富勒球，但还是想再次作些阐述。富勒球是我尊敬的学者、思想家、设计师、建筑师、发明家和诗人巴克敏斯特·富勒所设计的构造物。其原型是由 20 个正三角形所组成的正二十面体（Regular Icosahedron）。富勒通过分割正二十面体的三角形来增加数量，从而建造了更加接近于球体的富勒球。富勒球在 1967 年加拿大蒙特利尔召开的世界博览会上被美国馆所采用，因而受到了世界的瞩目。

　　当然，也有其他的球体分割方法，但根据我的调查，富勒球是非常卓越的系统，理由在于其能够对整体以相同部件进行对称分割。

　　我以富勒球的三角形作为模块，尝试了将富勒球自身做成空气结构、装配式住宅的设计。具体来说，就是将三角形的双重幕模块用空气充满，使之成为海绵状体，然后用拉链将其连接在一起的系统。而且还作了无论谁都能够轻松地购买，在大卖场和商场以及利用网购进行捆绑销售的方案。这一作品获得了嘉奖。这是平生第一次参加竞赛并获奖，非常高兴！

## 从压缩建筑中毕业

正当用心着手进行毕业设计之际，我忽然有了"费尽心思所设计出来的作品能否与新提案结合起来？"的想法，于是就想出了"飞翔之家"这一新概念。也就是"将使模块膨胀起来的空气换成氦气，让这个家可以飞起来"这一单纯的设想。

乍一看会被认为是既脱离现实又愚蠢的设想吧？但"飞翔之家"对我自身而言，是有其特定含义和深思熟虑的提案。其根本在于，建筑领域与信息通信和医学等其他领域相比，有着明显落后的共识。时至今日，这种想法也未曾改变，似乎是由于建筑的根本是从古埃及、古希腊和古罗马时代开始就几乎毫无进步。那些时代的建筑物，如金字塔、帕提农神庙、圆形竞技场等，以石头或砖瓦等压缩材料堆积而成的构造。亦即"坚固＝结实"这一概念。如今仅仅是将石头和砖瓦替换成混凝土和钢筋而已，基本没有任何的进化就传承到了现代社会。至今，恐怕仍然有约90%以上的建筑物还是坚固的材料堆积而成的压缩建筑吧！？

当时，我就对这种压缩建筑抱有很大的疑问。之所以这样说，是因为"马奇诺防线"所引起的思考。"马奇诺防线"是法国于1936年法国与德国边境为防御纳粹德国入侵所构筑的要塞。它以厚度为350cm以上的钢筋混凝土构筑，号称"固若金汤"。然而，事实上第二次世界大战开始后，德国却采取迂回战略，绕道从要塞的侧翼攻入，轻而易举地占领了

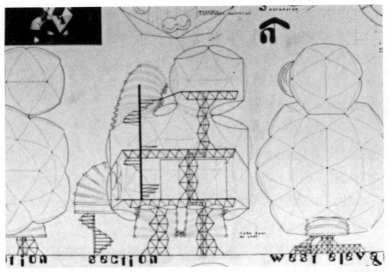

"飞翔之家"的原形设计图 © 铃木爱德华

"飞翔之家"的原模型 © 铃木爱德华

过于迷信"马奇诺防线"的法国。

此后，在盟军诺曼底登陆作战中，马奇诺防线曾被作为德国的要塞所利用。正如历史所警示的那样，它也未能阻止得了盟军的进攻。类似的建筑物还有"万里长城"。除非它是绕地球一周，否则敌人就会从城墙的尽头侵入吧！在森罗万象的规律中，总有一个腐朽的命运在等待着。想到这些，就不知是头脑中的什么地方产生了"要为依赖于坚固压缩材料的建筑做点什么"的想法。

而且当时，1972年在瑞典斯德哥尔摩首次召开的"联合国人类环境会议"成了公众话题，由此也进入了必须思考环境问题的时代。置身于这样的环境中，我个人也越来越考虑到"减少浪费，就必须要最大限度地利用有限的资源。为了这一目标，也希望去除掉大量使用坚固材料的压缩建筑。"

从这一想法中，我开始探索压缩建筑以外的技法，最后终于找到了"吊架结构"。"蜘蛛网"作为吊架结构简单易懂的范例，用肉眼不易看清，与用压缩材料堆砌而成的建筑物相比几乎没有存在感。但压缩建筑的建筑物即便遇到毁坏性的地震和台风也是能够承受的。这是因为蜘蛛网利用张力而构筑的建筑，在大自然中是最结实的绳索式吊架结构。

除蜘蛛网之外，自然界中还可以看到许多吊架结构，比如原子。原子核周围运行的电子轨道，是依靠电子的负电荷与原子核的正电荷之间的张力来保持运行的。同样依靠张力的还有地球围绕太阳运行，月球围绕地球运行。

这种吊桥结构就是应用在建筑上的"张拉整体结构"。所谓"张拉整体"即为"张力"与"整体"的组合造词，与压缩建筑不同，它是依靠张力所组成的结构体。张拉整体的特征是：相对于压缩材料相互之间的互不接触与不连续，张力材料是唯一连续且整体连接的。

## 让人类从土地上解放出来

我所设计的"飞翔之家"也是以张拉整体结构为基础的。它是让三角形模块内的氦气起到压缩材料的作用，依靠覆盖其周围的薄膜状材料的张力作为结构体，并保持平衡。即每个模块都成为张拉整体的结构。

此外，对世界人口增长的担忧也是设计"飞翔之家"的理由之一。在我的学生时代，1970年左右公布了联合国的人口预测。当时约37亿的人口在30年后将会变成60亿。关于人口增长的问题，包括我在内也是众所周知的。世界人口在30年间增长了约1.6倍，简直超出了人们的想象。也就是说，29年后的1999年人口将超过60亿，几乎命中预测。那时甚为震惊！

人口爆发式增长带来了很大的问题，那就是环境污染和战争。1970年，世界人口刚刚达到约37亿时，环境污染就已被视为问题被提出。还有就是战争，我个人在思考战争时，将其归因为人口的增长导致的土地相互争夺。因土地不足而引发的领土争夺以及石油等天然资源的争夺。反之，如果能够解决土地问题的话，战争肯定不容易爆发，由此设计出了"飞翔之家"。

如果"飞翔之家"能够实现并普及的话，就没有必要执着于土地。有限的土地可以像时间共享那样，进行交替使用。时而飘浮在宇宙中生活，时而在轮到自己的号码时能够降落到地面上生活。我的梦想是"飞翔之家"能够把人们从土地这一有限财产和资源中解放出来。于是就有了"解放＝飞翔之家"这一象征性意义的等式。

"飞翔之家"，1971 年

## 新时代宜居的家

在我还是学生时，便已诞生了 IT（Information Technology），也预见到了总有一天计算机网络时代的到来，那就是即便不在固定的地点，生活和工作也都不会有任何障碍的时代。由此就有了设计一个新时代宜居的家的冲动，它是既能在世界各地自由移动，同时又能生活的"飞翔之家"。

所以"飞翔之家"作为毕业设计，它是实现了我自身价值的作品。"飞翔之家"承载了我关于压缩建筑问题的观点以及我自身对人口问题的解决方案。至今，它仍然作为我费尽心血作品中的一个，保留在身边。遗憾的是，30多年过去了，至今亦未能实现"飞翔之家"。而人类已经到达了月球，又向无边无际的宇宙尽头发射了探测器，因此，我认为依靠人类的聪明才智是绝对能够实现"飞翔之家"的。

"飞翔之家"不仅仅可以着陆，还能着水，即可在水面上漂浮。如果继续发展的话甚至还可以潜水吧！"飞翔之家"若能在 2011 年 3 月 11 日之前普及的话，想必一定能从海啸中挽救出许多生命吧！

"飞翔之家"就是为此而应尽快实现的东西。

第3章 东京伍德斯德哥尔摩

## 缺席大学毕业典礼的原因

如前所述，我在圣母大学的毕业设计中设计了"飞翔之家"，并上交了提案，结果也是令我感到自豪。当时，有以毕业设计为对象的校内竞赛，我获得了设计和结构两个部门的优秀作品奖。我的"飞翔之家"在竞赛中均获两个部门的第二名。获得第二名的原因竟是"人类不适合在球体内居住"。"可母亲的胎内不也是球体的吗？本应积极推进创新的教育家们这样'愚昧无知'，建筑将无未来可言。"我对这样的评价大为不满。现在想起来，如果当时若是出席毕业典礼就好了。可那时因为反抗心在作怪，所以就未参加毕业典礼。

1971年，我从圣母大学毕业，通常的话是应该进入一家建筑事务所工作，但因为我的毕业设计不被认可，受到逆反心理的驱使而拒绝成为建筑师。所以，就在居住在圣母大学附近的日裔美国人所经营的建筑公司开始做兼职。大学期间，我与这对日裔美国人夫妇塔基和爱丽丝·伊藤结识于当地的扶轮社（Rotary Club），后来他们也一直对我很友好，我至今依然心怀感激。

## 返回日本，开展环境保护运动

此后，留着从学生时代就一直未变的长发，穿着嬉皮士服装回到了日本。因为手里还有少许兼职留下的积蓄，外加内心抵触成为建筑师，于是就也没参加就职活动（就像以前达斯汀·霍夫曼主演的热门电影《毕业生》中的本恩一样的英雄）。全力以赴投身于十分感兴趣的环境问题，从招募伙伴开始，开展起了环境保护运动。其最大的成果就是于1972年召开的"东京伍德斯德哥尔摩·人类环境摇滚音乐会。"尽管是并不完全理解的名称，但却有正面的意义和游玩之心。

契机是1972年6月在斯德哥尔摩召开的"联合国人类环境会议"，这是在世界范围首次召开的关于环境问题的大规模政府间会议。共有113个国家和地区参加了主题为"只有一个地球"（Only One Earth）的大会。1971年，我们受到"自己也希望行动"这一想法的支配下，在东京策划了摇滚音乐会。"伍德斯德哥尔摩"这一名称是1969年在纽约州的一个小村庄召开，日后成为传说中的"伍德斯托克音乐节"，和会议的举办地"斯德哥尔摩"所组合而成的。

计划邀请出场的是当时在日本最有人气的5人组艺术家，万万没有想到的是他们谢绝报酬的同时，认可了我们的初衷，并欣然接受了邀请。其中包括乔·山中（Joe YAMANAKA）先生所参加的Flower Travellin' Band、内田裕也先生、米基·柯蒂斯（Mickey Curtis）先生等佼佼者。

最大的难题莫过于募集资金。当时适逢日本经济高速成长期，正常的话找企业赞助应该不是很困难的。但我们认为"污染环境的是企业，不能使用以牺牲环境而获得的金钱"，于是我们纷纷掏出各自的私房钱，又向亲戚和朋友借钱，东拼西凑勉强凑足了资金，并将演出地点定为（东京都）日比谷室外音乐堂，同时制作了宣传海报、广告单和门票。

海报上擅自使用了联合国第三任秘书长吴丹（任期1961-1971年）的照片。吴丹是缅甸出身的教育家，有着提议创建联合国大学等成就。这些成就引起了约翰·列侬的共鸣，吴丹因赏识"他是披头士（我们的同志）"，所以，我在吴丹脸部的肖像上将约翰·列侬爱用的圆形眼镜和长发进行拼接并制成了宣传海报。

然而，这是不被允许的。为了宣传，特意请来了媒体并召开了记者会。但身着嬉皮士服装的年轻人，擅自使用吴丹的照片，好像与联合国有什么关系似地宣传，会让人觉得很奇怪吧？我们所主张的仅仅是"我们是联合国的人"（We are the Peoples of the United Nations），即"地球上的人类全都隶属于联合国"。但结局是召集的10余家媒体中没有一家作新闻报道，而唯一幸运的，是电视对我们进行了报道，虽然只有1分钟。

## 摇滚音乐会的成功与挫折

遭到所期待的媒体的冷遇，所以直至音乐会的当天还在担心客流量的问题。但一开幕，看到的是座无虚席，并在盛况空前中迎来了尾声。只是，因为是在负债累累的情况下举办的音乐会，所以尽管会场坐满了观众，但收益却只有30万日元。这笔收益在最初就已决定要全部捐献，送给因环境污染而引发的首次世界性公害病——水俣病患者。我在音乐会结束后不久，就与水俣病患者代表取得了联系。

但是，水俣病患者代表以"像你们这样的年轻人，利用水俣病举办摇滚音乐会，让人感到很困惑"这一不满的理由，断然拒绝了我们的捐款。听到反馈时，我的心情顿时跌入谷底。自己还是太年轻了啊！没想到自己认为好的东西，却给对方带来了困惑。于是，受到打击的我远离了环境保护运动。

此时我的存款也全部用尽，于是就痛快地剪掉了长发，服饰也由嬉皮士服装换上了西装，并系上了领带，开始了就职活动。的确，此时此刻已经没有拒绝成为建筑师的条件了。

"东京伍德斯德德哥尔摩·人类环境摇滚音乐会"中的笔者（右中、左下）　　©铃木爱德华

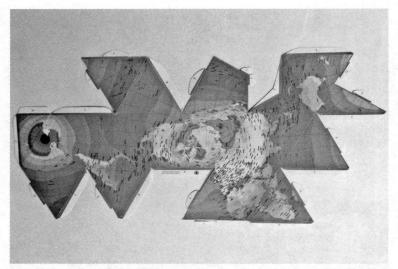

巴克敏斯特·富勒提案的戴美克森地图（Dymaxion map）。"世界游戏"的思想在世界各地被作为教材广泛使用

© 铃木爱德华建筑设计事务所

## 缺乏动力的工作状态

我在无意中进入了位于（东京都）新宿的一家外资设计事务所工作。大学毕业以来，终于有了一份固定工作。但我却依然留恋环境保护运动，干满了一年后对建筑设计的工作便感到难以满足。不仅是对建筑设计，还对包括建筑在内的环境设计产生了浓厚的兴趣。

特别是被巴克敏斯特·富勒的"世界游戏"这一思想深深地吸引。所谓的"世界游戏"是指以科学的战略（设计科学）在世界上构筑起平等的、物质的"乌托邦"为目的模拟游戏。在通常的游戏理论中，一方若为胜者，则另一方为败者。但是世界游戏中不存在败者。它是以物质乌托邦为终极目标，全员齐心合力的话，所有人都可以成为胜利者的游戏。富勒的构想是利用计算机进行模拟，在计算出世界各国的能源资源、粮食、人力资源和技术等的理想状态下的储存、移动、使用和分配后，全员付诸行动以实现和平的社会为目标展开。

我内心渴望追求这一"世界游戏"，也被创造"和平世界"为目标这一强烈愿望所驱动。为了实现这些，知识是必不可少的，基于这些考虑，我决定地去大学院攻读研究生。

## 富布赖特（Fullbright）奖学金——录取的内幕

虽说如此，当时的我处于经济上十分拮据，没有奖学金则是无法成行的境况，此时恰巧看到了富布赖特奖学金的募集信息。富布赖特奖学金是 1946 年由美国参议院议员 J. W. 富布赖特提议设立的，是以加深世界各国的相互理解为目的的奖学金制度。日本·美国教育委员会的富布赖特奖学金在交换留学生制度中明确规定，留学生学成后，必须返回日本。

我的运气很好，不仅被录取，且还获得了奖学金。所谓"运气很好"，是因为虽然 5 位评选委员中的 3 位美国人作出了不录取我的决定，但是其他 2 位日本人（之后成为铃木爱德华建筑设计事务所顾问的建筑师竹山实先生和另一位城市规划家）还是不顾反对而坚持录取了我。我后来才听说，3 位美国人评选委员好像依据我的经历和学历判断"如果录取他的话，学成后可能会滞留在美国而不返回日本吧？"

下面再介绍下我是如何选择研究生院的。如果被富布赖特奖学金录取的话，几乎会受到所有大学的青睐。实际上我向哈佛大学、MIT（麻省理工学院)、宾夕法尼亚大学、耶鲁大学以及加利福尼亚大学伯克利分校都提交了申请并且全部合格。

按常规应该选择当时被视为建筑领域最高学府的加利福尼亚大学伯克利分校吧?但我最终却选择了哈佛大学。原因是只有1年的硕士课程,并且提供一年的奖学金,只有哈佛大学研究生院才能在一年就获得硕士学位。而且当时哈佛大学与麻省理工学院在实行"交换课程",两校学生同时被互认双方不超过1/2的课程(结果我在麻省理工学院上了1/2的课程)。而且,在日本至今还都认为,与加利福尼亚大学伯克利分校相比,哈佛大学的名字更广为人知,回日本后也有利于就职。

但与其他相比,选择哈佛大学最为重要的原因是其周围的环境。事实上,巴克敏斯特·富勒的工作室就在大学旁边。我追求富勒的"世界游戏",并将创造"和平世界"作为毕生的事业,而决定了选择哈佛大学研究生院进行学习。对我来说,没有比这里更好的环境了。

### 邂逅野口勇

1973年已进入哈佛大学研究生院留学的我,尽管攻读1年的硕士课程,但还是感到只是建筑设计的话还是缺少些东西。结果就更改成了2年的城市设计课程。与此同时,我也被富勒工作室录用做兼职工作。好像我的好运一直在延续,只是仍然未能实现与所期盼的富勒见上一面。我利用暑假去做了兼职工作,可在此期间富勒一次也没有在工作室露过面。

虽然未能见到富勒,但却发生了影响我后来人生的事情。即与雕刻家野口勇(1904-1988年)邂逅。富勒和野口勇是多年的挚友,当时野口勇正着手制作"底特律喷泉广场"(Fountain Plaza),并向富勒工作室发来支援请求。我参加了那个项目，并获得了与野口勇先生一起工作的千载难逢的机会。

我并不知道自己为什么会受到野口勇先生的欣赏。底特律项目完成后，又被他叫到其纽约的工作室，继续做他的雕刻制作帮手。因为还是在哈佛大学研究生院学习期间，所以就不断往返于大学研究生院所在地波士顿和纽约之间，为野口勇的雕刻制作帮忙。

野口勇完全是个直觉型的人。不刻意强调逻辑方法，总是从黏土、土和石头的手工作业着手工作。我的主要工作就是，把野口勇极其认真用口头所表述的想法，最终变成模型和图纸。那时，工作室的老板是贞尾昭二（Shoji Sadao，1927 年－2019 年 11 月 3 日），也是"富勒 & SADAO"的合伙人，蒙特利尔世博会美国馆就是由他负责的。身为日裔二世的昭二（Shoji），现在一边往返于东京和纽约，一边于 2011 年完成了著作《巴克敏斯特·富勒和野口勇：最好的朋友》（*Buckminster Fuller and Isamu Noguchi：Best of Friends*）。虽然是在没有空调的工作室里汗流浃背地工作，但却是一段美好的回忆。时至今日，我们也还会一起亲密地去旅行等。

**收到丹下健三先生的来信**

1975 年，在送走每日充实生活的过程中，不知不觉迎来了研究生院的毕业时刻。如果按照富布赖特奖学金制度规定的话，就必须要返回日本。但我正如当时的美国人评选委员所担心的那样，还没有返回日本的意愿，便开始在波士顿寻找工作。但因恰逢美国经济不景气，难以找到工作。难道这是遭到天谴了吗？

正在此时，我意外收到了不仅在日本，乃至在世界建筑界都以巨匠而著称的丹下健三先生（1913-2005 年）的来信。信中写着赞美的言语以及入职的邀请，"听说会双语，还是学建筑设计的，对吧？真是难得的人才！来我的事务所工作如何？"我欣喜若狂，随即迫不及待地返回了日本。就这样，我受到了丹下健三都市建筑设计研究所的关照。

但只有一点当时不甚理解，那时我与丹下先生未曾谋面，也不记得是否向丹下健三都市建筑设计研究所提交过申请。后来才得知，野口勇和丹下先生为至交，是在我不知情的情况下野口勇向丹下先生推荐了我。

## 对"世界游戏"想法的变化

另一方面，在学习期间，我对"世界游戏"的追求也产生了巨大变化。

哈佛大学研究生院的确不负盛名，无论是教授还是研究生都是宝藏的精英人才。提到有多么优秀，一说会有若干名诺贝尔奖获得者很平常地走在校园内，就能明白了吧？可另一方面，教授之间和研究生之间的竞争心又是异常强烈的，动辄就会产生相互否定对方的氛围。这有悖于"世界游戏"这一思想的空气，因为在这样的环境下，即使再怎么阐述"世界游戏"这一思想，也不会有人理睬，为此我感到十分沮丧。

有那么一天，一位朋友对我作了如下忠告：

"我不能参加像'世界游戏'那样的，驱动世界的伟大运动和革命活动，但如果有谁在雨中被淋到感到困惑之时，我会为其撑起雨伞。"

像"世界游戏"那样伟大的和平运动，需要有强烈的意志和超出常人的努力，但像借伞给他人这样的个人善意行为，无论是谁、在任何时间都能做到。听完朋友的一席话，我终于意识到了从自己力所能及的事情做起的重要性。而对我来说，所能做的就是建筑设计。我随即暂且停止了对"世界游戏"的追求，即使是一个人，也要为了更多的人感到幸福而努力，于是我坚定了成为建筑师的决心。

岁月如流，如今又到了静心思考"世界游戏"之时。"世界游戏"是以摒弃国境这一概念，以物质乌托邦为目标的全球规模的游戏，并不是那么简单就可以开始的。但每一个人在日常生活中认识"世界游戏"是简单的，它经过不断积累就会有足够的可能性变成巨浪。

## 教育是一切的原点

所谓"世界游戏"既是和平运动的同时，也可以说是创造那样环境的一种手段。如果继续深入发展的话，也可能成为一种教育手段。亦可以说在教育现场中存有"世界游戏"的原点吧？

在我此前的一贯主张中，我始终认为"解决环境保护和争端等现代社会所存在的问题之原点在于教育。"我认为"世界游戏"这一思想也是教育的手段之一。如果要说为什么的话，是因为摒弃了被称为国境这一概念的想法，这在我的童年时代所体验过的国际学校就已经领会到了。

8岁的时候，我从埼玉县的入间川小学转到了东京都港区的圣玛丽国际学校（现已搬迁至东京都世田谷区）。父母本来是为了两个姐姐奔波于东京和横滨之间，无意间发现了圣玛丽国际学校，于是就上前询问。但因姐姐们不会说英文，很遗憾无论哪里都不给发放入学通知书。

怀揣着残存的希望，母亲带着我最后拜访了圣玛丽国际学校，却发现竟然是一所男子学校。母亲转念一想："如果女儿们不行的话，就让儿子入学"，于是就下定决心把毫无准备的我送进了这所学校。因为当时家住在埼玉县，出去办事再返回埼玉县也很麻烦，但尽管这样母亲还是在日本桥高岛屋圣玛丽国际学校制服专卖店订购了制服。从9月份的入学式开始，作为一名初出茅庐的新生（转校生），我开始了崭新的学校生活。后来，在毕业典礼的座席上首次得知，据说当时给我面试的校长实际上是不准备接受我入学的，但由于母亲当时英语也只会只言片语，好像并没有领会校长的真实意图。而校长又难以拒绝在9月时节，从埼玉县背着大包小裹、远道而来的我们，于是就给予了特别入学许可。在入间川小学时代，我受到了冷酷残忍的欺辱。那是因为我有德国人的父亲和日本人的母亲，有一张不同于日本人的脸。当时刚刚战后不久，在埼玉县这样的地方城市，像我这样的孩子实属罕见，便很容易成为欺辱的对象。

另一方面，在圣玛丽国际学校，等待我的是极佳的教育环境。儿童和学生都是些滞留在日本的外国人的孩子，他们从世界各国聚集到这里，是因为有这样的环境。在这里一直没有发生过像我在埼玉县时那样，被人竖着指头骂着脏话的欺辱。大家都是平等的，是像天堂一样的环境。

## 筹备国际学校

一晃毕业几十年了，但每当见到同学和毕业生，还是会让我们兴致勃勃地追忆起那快乐的校园往事。在这里谁都有过刻骨铭心的经历。"有过圣玛丽国际学校那样学校生活的经历，战争这一概念就不复存在了。"童年时代，关于置身于超越国境和宗教的环境，也就是说即使成为大人后

在亚洲轻井泽国际学校（ISAK）为孩子们讲授黄金比

也与国境和宗教无关，也能与世界各国的人民和平共处。从我自身的经验而言，消除世界性战争和争端等最有效的手段，首先在于国际环境下的教育。

于是，大约自 2007 年开始，我便在轻井泽着手成立一所男女混合、少人数的国际学校，校名为"亚洲轻井泽国际学校"（ISAK）。这所学校在亚洲也是仅有的几所全部为寄宿制的学校，以打造迄今为止日本所没有的国际学校为目标，课程全部使用国际 baccalaureate/IB 的课程。所谓国际 baccalaureate/IB，是指给予国际学校等的毕业生一个可被国际认可的大学入学资格。我作为成立筹备财团的 1 名理事，积极参与在开校之前的校舍设计等各种各样的事情。举例来说，在开校之前的 2010-2012 年期间的夏季学校，我作为讲师站在了讲坛上。在 2013 年 6 月底，校舍、宿舍和体育馆均已完工。2013 年的夏季学校准备在这新的设施里开课。2014 年秋季，终于要开校了。

**奇异的贺年卡～1989 年**

下面讲一个有关环境的话题，就是此前以玩的心态所创造的教育环境。

1989 年，我做了一种与众不同的贺年卡。与其说它是贺年卡，倒不如称之为宣传册（尺寸为 B4 大小）。加之其内容也是谁见了都会感到吃惊的。通常在贺年卡上会以较大字体写上"恭贺新年"和"新年快乐"这样的新年贺词，但我的贺年卡最后只是敷衍了事地写上了"Wishing You a Happy New Year"，而大部分的空间是关于教育环境活动"东京艺术公园"（ARTS PARK TOKYO）的举办通知，这就是我那年制作的节目挂历。

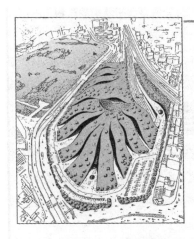

EDUCREATION

これは、EDUCATION, CREATION, RECREATIONを
合わせた私自身の造語です。
ARTS PARK TOKYOは
このEDUCREATIONの場としてつくられました。

シアター、野外劇場、アートミュージアム、サイエンスミュージアム、
コンファレンスホール、多目的ホール。
ギャラリー、ワークショップ、もちろんレストランやカフェも。
一年を通じて多くのアクティビティがここでこなされます。

そして招かれたアーティスト、参加者達が滞在するレジデンシャルホテル。
殆ど全ての建築物は、地上に姿を見せません。
建物の光はスリットからたっぷり入ります。
地上はすべて緑豊かなPARKです。

Work Shopでは参加者達のユニークな活動が展開されます。
ここを訪れる人々は、会場内、また地上のPARKで、
誰でもが自由にアーティスト達とコミュニケーションをはかれます。
参加者達の様々な実験的活動は、全地球に向けてMessageを発信し続けます。

## ARTS PARK TOKYO 1989 CALENDAR

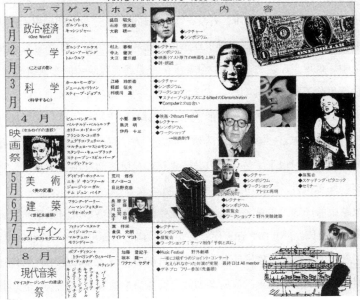

笔者设想的 1989 年 "东京艺术公园" 的日历

©铃木爱德华建筑设计事务所

最初，我是自我否定的，"东京艺术公园"是我想象中的产物。不用说实现，甚至连计划都是空中楼阁。

首先成为舞台的是东京都港区汐留。现在的汐留 SIO-SITE 是 2002 年以后建成的，过去曾作为 JR（原日本国有铁道）的货运集散场和 JR 货运支线汐留站的旧址，是日本国有铁道清算事业团所管辖的空地。

构想中是要在此地建立巨大的人工丘陵地带，丘陵被草坪所覆盖，变成一个谁都能够放松自如的公园。而且可以看见在其中央部有一个被作为室外剧场的艺术家活动场所。丘陵上有着曾经似乎是铁路线的痕迹。这除了有设计本身的意义之外，还有其他更重要的作用。稍后将进行说明。

然而如果照这样下去，这里也就"只是公园和室外剧场"而已。既然举起了教育环境活动这一大旗，若没有博物馆和演播大厅，一切则根本无从谈起。那么，若是说起要在哪里建造博物馆和演出大厅，那必定是在丘陵之中。再现于丘陵之上的人造物，实际上是遮掩建筑物的房顶结构。

丘陵里除了林立着的剧场、艺术博物馆、科学博物馆、演播大厅和画廊以外，还有从世界各国到访的艺术家下榻的酒店。在这里，每天都将依次开展各种丰富多彩的艺术活动。而且，为了减少闭塞感，在摄取自然光和通风方面也下了许多功夫，即直接在丘陵之间辟出一个开口，它承担着采光和通风的作用。

想象中的产物"东京艺术公园"所诞生的契机是洛杉矶国际竞赛"洛杉矶艺术公园"（ARTS PARK L.A.）。当时，洛杉矶提出了以"艺术公园"为主题的大规模公园建设计划。建设面积 60 英亩（约 24.28 万平方米），公园内计划建 5 个设施。我所参加的竞赛是当中的设施之一，即是分别可以容纳 1800 人和 500 人的两个剧场的建筑群。我作品的构想是基于对

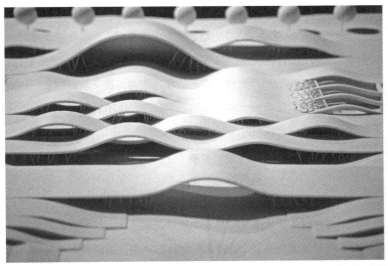

人造丘陵地的外观模型 　　　　　　　　　　　　　　©铃木爱德华建筑设计事务所

人造丘陵地的内部素描 　　　　　　　　　　　　　　©铃木爱德华建筑设计事务所

周边的自然所组成的田园风景不进行破坏这一理念。之所以这样做，是因为知道所计划的场地一带，受到了全美众所周知的自然保护团体塞拉俱乐部（Sierra Club）的关注。如果否定自然环境的人造建筑物之类的话，我完全知道它是会提出索赔的。在不破坏风景的前提下建造剧场——我所追求的答案是人工丘陵。如"东京艺术公园"所阐释的那样，它再现了人造的房顶丘陵，在其内部容纳着剧场。

这一方案通过了第一次审查，并进入了终审。但最终被评为第二名，未能被采用。获得第一名的是一家在当地洛杉矶设有据点的"墨菲西斯事务所（Morphosis Architects）"。评选委员中的大多数是这个事务所所长在学校当老师时的毕业生，结果就像是从最初就决定好了似的。如果说到作品，我的方案是有着180度不同立体的风格，的确是人造剧场。也如我所担心的那样，获得第一名的作品遭到了塞拉俱乐部的强烈反对，很难实现。在此期间又遇上了洛杉矶的经济低迷，"洛杉矶艺术公园"这一计划最终搁浅。

## 环境甚至可以改变DNA

现在，对前面所谓"教育环境是非常重要的"的一贯主张进行展开。一提到环境，有段话十分有趣。2009年，美国的细胞生物学博士布鲁斯·利普顿（Bruce Lipton）获得了五井和平财团的五井和平奖。我以前曾阅读过他的著作，于是前去颁奖仪式聆听了他的获奖纪念演讲。

布鲁斯·利普顿在以"新生物学所揭示的'信念的力量'"为主题的讲演中，论述了根据他此前通过研究所逐渐清晰的DNA与环境之间的关系。

1953年，生物学家詹姆斯·杜威·沃森（James Dewey Watson 1928年-）博士和弗朗西斯·克里克（Francis Harry Compton Crick，1916-2004年）博士自发现 DNA 双螺旋以来，DNA 是控制生物特性的学说得到了社会的承认。癌症等疾病被声称是容易通过基因遗传决定的。DNA 解析不断进步的今日，这种想法依旧根深蒂固，且广受支持。

但利普顿从长年的研究中发现，"DNA 虽然是非常重要的存在，可是与其相比，环境更为重要。"向基因决定论抛出的这一问题犹如一石激起千层浪。利普顿早在 40 多年前克隆了干细胞，在改变环境的同时，观察了其生长过程。其结果是，把组织培养皿从良好环境移至恶劣环境的话，细胞就好像生了病似的。这一实验结果赢得了多数学者的认可。俗话说"病从气中来"，已被科学所证明。

另外，利普顿还主张孩子在所谓无法看见的"父母爱情"这一环境中培育的重要性。如前所述，我是在二战后不久出生，生长在曾是农村的埼玉县狭山市，还因长相与普通日本人不同而遭受欺辱。为此放学后和休息日的大部分时间，我要不就在外面吵架，要不就在家看漫画和绘画。我的"作品"全部由父亲保管，每当客人到访他的办公室时，他就会很得意地向客人展示。虽然从小受到欺辱，但因从小受到父母的表扬，由此我也获得了勇气。

此外，还有在我 8 岁转校到圣玛丽国际学校时候的事情。第一年的班主任老师说："你的绘画很棒，可以不用来上课，继续画你的吧！"于是我可以使用一个单间，且几乎每一天都会留给我特定的绘画作业。作业之一是在

笔者 8 岁时的绘画

此处所介绍的"女孩"的画。"表扬的环境"成为我童年时代不可或缺的支撑，让我的才华得以绽放，由此你们或许就能够理解我所表达的了吧！因此，我认为充满爱的环境是具有无穷力量的。

## 合作胜于竞争

从当今社会引发的争端和竞争之所以未能杜绝，我认为其原因在于人们意识中的"看不见的环境"。这一意识就是从小就被印在脑中的"弱肉强食"。

曾经，巴克敏斯特带着讽刺与幽默的口吻作了如下论述：

"从前，《人口原理》的著者托马斯·罗伯特·马尔萨斯受东印度公司委托的调查，是以'人类的人口增长已远远超过了人类赖以生存的粮食的增长。由此，最终将引发战争，胜者将继续生存下去'这一理论为中心而展开的。"

"之后，《物种起源（进化论）》的著者查尔斯·达尔文称'如果马尔萨斯的理论是正确的话，那么在弱肉强食中，最强者将生存'"，又继续发展了马尔萨斯的理论。

"接着再后来，《资本论》的著者卡尔·马克思是以'如果马尔萨斯和达尔文的学说是正确的话，只有直接参与粮食生产的劳动者才是最应该生存下去的'进行展开。"

"因为这样，才有了今天的社会"，富勒这样说道。

实际上又是怎样的呢？1957年联合国粮食及农业组织（FAO）的报告指出："时至今日，随着技术的发展，人类首次已能够生产出100%使人类可以继续生存的粮食。"在这个节点上，马尔萨斯的理论已背离了时代。但即便如此，之后的世界也仍然将被马尔萨斯和达尔文的理论所支配，争端从未停止。

富勒又叹息到："世界的政治家们，真的是根据联合国粮食及农业组织（FAO）的报告结果来进行规避争端而管理国家的吗？非常值得怀疑。"

我也如富勒所叹息的那样，对于达尔文弱肉强食这一观念被作为现代社会的本质而无可奈何。即所谓的"竞争是正确的""竞争中取胜"这一观念。

的确，竞争时而成为历练自身能力的契机，时而成为促使人们成长的推动力。但是，拥有过度的竞争心态就会蔑视他人，并形成唯我独尊、横行霸道的社会。将世界经济带入谷底的雷曼事件，不也是恶性竞争的后果吗？

关于竞争，还有一个应该考虑的话题。就是前述有关生物学的研究成果。自然界中"胜者生存"这一学说，迄今为止被视为最为有力的学说。但最近的研究成果表明，自然界的物种由来已久，相对于"竞争"更是通过"合作"进化的。

甚至在被视为弱肉强食象征的自然界，这都已是不争的事实。而要是这样的话，被弱肉强食这一观念所迷惑的社会还有很多。那么今后，与以往所不同的模式就很有必要，而如果可以遵循这一模式形成社会，全人类共同思考这一模式，那么我想实现这一模式的行动时期终将到来。

### 建筑风格的流派——现代主义建筑

现代主义建筑（近代主义建筑）是进入 20 世纪后流行的建筑风格，它否定了 19 世纪以前的建筑。现代主义之前的建筑起源于古希腊和古罗马，是以文艺复兴时期建筑为主流的古典建筑。是集装饰性、艺术性，华丽为一体的建筑。此外，现代主义建筑还纳入了德国包豪斯学派，是合理主义与功能主义的建筑。可以说，现代主义建筑是古典建筑等的伪命题。

作为现代主义建筑的旗手，即德国的路德维希·密斯·凡·德·罗（Ludwig Mies van der Robe，1886-1969 年）、沃尔特·格罗皮乌斯（Walter Gropius，1883-1969 年）、出生在瑞士却生活在法国的勒·柯布西耶（1887-1965 年），以及因旧帝国饭店的设计而在日本享有盛誉的美国人弗兰克·劳埃德·赖特（Fuank Lioyd Wright，1867-1959 年）等 4 人均被称为近代建筑的巨匠。现代主义建筑理念的名言"少即是多"（Less is more）即出自于路德维希·密斯·凡·德·罗之口。

现代主义建筑的代表作有建筑美术学校的包豪斯校舍（1926 年）以及联合国总部大楼（1952 年）。这些建筑物所象征的现代主义建筑的特征就是浇灌的混凝土、铁皮和玻璃这样的手法以及使用大量的建筑材料。其结果是给人一种男性化且克己的、黑白的印象。如果以时装的例子来看，是不是就与一丝不挂的裸体一样了呢？

### 建筑风格的流派——后现代主义建筑

在以现代主义建筑为主流的 20 世纪中期，又出现了后现代主义建筑并流行于 20 世纪 80 年代。就像现代主义建筑是古典建筑等的伪命题那样，后现代主义建筑是作为现代主义建筑的伪命题而诞生的。

为此，它具备了与现代主义建筑完全相反的特征。相对于现代主义建筑强调功能优先的同时摒除了看作是中世纪建筑的细节部分的装饰和象征性的图标，后现代主义建筑"试图回归历史"并积极采用了以新形式出现的这些装饰和图标。即所追求的是女性的享乐主义、色彩斑斓的世界和装饰性的象征。利用源自古希腊的启示所装饰的外横墙（pediment），如菲利普·约翰逊（Philip Johnson，1906-2005 年）的纽约旧 AT & T 大楼（1984 年）以及日本隈研吾（1954 年 -）的"M2"（1991 年）就是后现代主义建筑的代表作。

后现代主义建筑的旗手有美国的罗伯特·文丘里（Robert Venturi，1925-2018 年）、迈克尔·格雷夫斯（Michael Graves，1934-2015 年）、以《后现代主义的建筑语言》而闻名的建筑评论家查尔斯·詹克斯（Charles Alexander Jencks，1939-2019 年）等。文丘里对批判装饰的、克己的现代主义进行了抨击，讽刺了路德维希·密斯·凡·德·罗的"少即是多"，并留下了"少即无聊"这一名言。

## 风格（Style）与时尚（Fad），短暂的流行

现代主义建筑与后现代主义建筑。在建筑史中，现代主义建筑作为一种风格而确立，并且即使在现代的建筑设计中也是主流。而且因为最近对环境的关注不断提高，现代主义建筑开始融入可持续的要素（持续可能），这样的可持续建筑也开始受到瞩目。

所谓可持续建筑是指从节约资源和节约能源的观点出发，与此前相

比，更具有出色耐久性的建筑。

2009 年 6 月，日本开始实施长期优良住宅普及促进法，"200 年住宅"这一认识已深入人心。因为这是充分重视地球环境的建筑，所以将会成为今后的主流建筑吧？我想，与其这样说，倒不如说是作为生存在地球上的一员，我们这些建筑师必须要积极地推广这一课题。

另一方面，作为现代主义建筑的伪命题所登场的后现代主义建筑，在20 世纪 80 年代迎来了鼎盛时期。但作为一种风格却没有留存下来。总而言之，有种风靡一时的感觉。


## 汤姆·沃尔夫眼中的后现代主义建筑

因《太空英雄》（The right stuff）而闻名的作家汤姆·沃尔夫（Tom Wolfe，1931—2018 年）给了后现代主义建筑极大的讽刺。时间是在后现代主义建筑的鼎盛时期，地点是在举办后现代主义建筑研讨会的哈佛大学。

罗伯特·文丘里、迈克尔·格雷夫斯、查尔斯·詹克斯以及由现代主义建筑的旗手"蜕变"为后现代主义建筑代表性建筑师的菲利普·约翰逊等纷纷出席了研讨会。

作为东道主的文丘里，被视为后现代主义建筑的旗手，是因为他的著作《向拉斯韦加斯学习》（Learning from Las Vega）。在耶鲁大学执教期间，他带着两位教师和班级 13 名学生在拉斯韦加斯进行了规模宏大的田野调查，那就是拉斯韦加斯建筑物的意义。不言而喻，拉斯韦加斯是以赌场为中心的娱乐圣地。有许多表面意义上的建筑物，如果沿着主要街道行走，映入眼帘的都是装饰有霓虹灯和广告牌的建筑物，它们就好像是在说："快来看！"但一走进近在咫尺的后街，所看到的建筑物则是非常朴素的简易房。

完成拉斯韦加斯的田野调查后，文丘里很快付梓了《向拉斯韦加斯学习》一书。书的内容是对从拉斯韦加斯建筑物中所观察到流行文化的再确认。乍一看，难以欣赏的拉斯韦加斯的霓虹灯等，也拥有着迷于设计的设计师和钟情于流行设计的使用者这一事实，由此将拉斯韦加斯的建筑物定义为"流行文化"得以确立。到那时为止，总体而言流行文化在美国和欧洲都是受到轻视的。但因受到风靡一世的《向拉斯韦加斯学习》的影响，流行文化才逐渐开始被人们所认知，同时后现代主义建筑也开始受到关注。

研讨会由文丘里领衔，格雷夫斯和詹克斯在热议后现代主义建筑时，汤姆·沃尔夫在洗耳恭听。事实上，汤姆·沃尔夫并不是被邀请的嘉宾，而是"不速之客"。

汤姆·沃尔夫，既是作家又是优秀的记者。写了很多报告文学，其中有从记者的立场来观察的后现代主义建筑所流行的《从包豪斯到我们的豪斯》（*From Bauhaus to Our House*）。他是个非常与众不同的人物，经常穿着一身西装并佩戴着带有蝴蝶的领带，这成了他的固定风格。

在研讨会盛况空前之后落下帷幕之际，哈佛大学的学生新闻主编发现了身着西装、佩戴着蝴蝶领带的汤姆·沃尔夫。于是对他这位著名的作家兼记者进行了采访。

汤姆·沃尔夫马上同意了采访邀请，他这样说道：

"真是很有趣！要说有趣的话是因为聚集在这里的建筑师，尽是些曾经追求过50余年现代主义建筑的年迈的裸体主义者。即是依靠裸体（现代主义建筑）而努力至今的建筑师们。而它现在，因为其四周盛装打扮（后现代主义建筑受到了关注），所以像刚从噩梦中醒来般慌忙地开始着装似的。"

汤姆·沃尔夫不仅对建筑和设计，而且还对哲学和思想、文学上所流行的后现代也即时尚（Fad）之事看得很透彻吧？这让那些对此狂热的建筑师们受到了极大的讽刺。

## 人类在建筑上所体现的双重性

下面所叙述的是我初期的主题，即"无序建筑"（anarchitecture）。无序建筑只是我个人的主题而已。

所谓无序建筑是我的造词，是代表建筑意思的"architecture"和代表无秩序和破坏意思的"anarchy"的组合。

将"architecture"和"anarchy"这两个相反的词语结合起来，作为作品的题目是有我自己的理由的。很久以前，除了建筑以外，我还对科学、物理、生物学也感兴趣，并且阅读了各种各样的书籍。所以，突然就意识到了这点。

"人类这一动物真的是非常有趣！"

人类是地球上的动物中唯一拥有"意识"这一能力的。但根据时间和场合的不同，会做出连动物都不如的低级行为。如互相残杀。即使动物社会中也会有互相残杀，但那是生物学上为了生存的行为。它们绝不会毫无意义地互相残杀，更不会有憎恨、偏见和欲望这样的"负面感情"。可人类尽管没有必要进行生物学上的互相残杀，但从古至今，因宗教、意识形态、欲望、好恶、憎恨、偏见这些负面感情而引起战争，并进行的厮杀从未停止。原本大脑最为发达的人类却重复做着甚至连动物还不如的低级行为。

另一方面，人类在日常生活中遵守秩序，彼此之间进行建设性行为的同时共生共存。与其说这是矛盾，还不如说像宇宙万物中所存在的明暗、雌雄这一类双重性，人类也拥有内与外的双重性。我认为人类为了维护有序社会，控制着破坏性的本能和负面感情。破坏性的本能和负面感情有时像岩浆一样喷发、冲动的大发雷霆、咆哮、扔东西、掀翻桌子吧？或者这个岩浆就会被强迫挖出，被大规模的厮杀所利用，"战争是出于无奈，为了正义。"

那样想的话，是否可以说我们常常在善恶的纠葛中过着日常生活呢？从此事可以想到，如果人类可以在建筑上体现双重性将会很有趣，于是就有了"无序建筑"这一造词，并用其作为作品的主题。1977 年我从丹下健三都市建筑设计事务所独立出来后，开始着手筹建自己的事务所。

## 解构主义建筑的出现和无序建筑的终结

事务所成立以后，我亲自主导了许多提升无序建筑形象的作品。其中代表作有松坂屋上野店正面外观改造和原宿商业设施 OKURA 大楼等。之后的 4 至 5 年，社会上开始萌生了取代后现代主义建筑的新运动，它就是解构（deconstruction）。

解构原本是犹太裔法国人哲学家雅克·德里达（Jacques Derrida，1930-2004 年）倡导的思想。德里达受到德国哲学家马丁·海德格尔（Martin Heidegger，1889-1976 年）的深刻影响，海德格尔在尚未完成的著作《存在与时间》中，试图将从希腊的柏拉图、亚里士多德以来存在论的解构作了进一步的发展。他说道："我们自身的哲学活动本身，通常是破坏旧构造，生成新构造。"这一思想给 20 世纪的哲学带来了巨大的影响，超出了哲学的范畴，延伸至文学、艺术以及建筑领域。

这建筑领域中被称为"解构主义建筑"，在充分利用现代主义建筑的功能主义的基础上，诞生了不平衡的且碎片化似的意匠设计。解构主义建筑令人联想到的形象是"破坏"和"生成"。

我以无序建筑为主题，会联想到破坏和构筑，也只是偶然的一致。但解构主义建筑源于德里达的思想，而无序建筑（anarchitecture）与其毫无关系，只是从哲学角度出发的个人想法而已。而由于厌恶被视为与其一致，与尽人皆知的解构主义建筑成反比，我与无序建筑分道扬镳了。

## 全金属外壳

远离无序建筑之后，开始专心致力于"全金属外壳"、"看得见的建筑和看不见的建筑"等主题。所谓全金属外壳，这种建筑是指在外壁更多使用金属等金属材料，加深防御性的形象，内部配有绿色等以确保柔和的私人空间。

作为题外话，全金属外壳的系列名称来自于电影界鬼才斯坦利·库布里克（Stanley Kubrick，1928－1999 年）导演的作品《全金属外壳》（1987 年）。理由来自电影中出场士兵的台词。那个士兵的钢盔上写着"为杀人而生"（Born to Kill），胸前又佩戴着徽章。当其上司询问这一矛盾时，士兵回答道："我不知道，但或许是代表人类无意识的兽性？"这与我此前所思考的人类双重性是相通的。从那时起，此前未加系列名称的全部冠名全金属外壳。象征着全金属外壳的作品是"警视厅涉谷警察署宇田川派出所"（1985 年，P10）。

## 全金属外壳建筑

涉谷警察署宇田川派出所

©铃木爱德华建筑设计事务所

Joule-A　　©铃木爱德华建筑设计事务所

SUPER VILLA Ⅱ：Serpente（轻井泽）　　© 株式会社新建筑社

## 看得见的建筑 & 看不见的建筑

在此之后，我主导了"看得见的建筑 & 看不见的建筑"系列。因这一系列也还是以双重性为核心的，所以也可以称为是无序建筑和全金属外壳建筑的延伸吧？所谓看得见的建筑相对于"目的性且立体的建筑物，释放着存在感"，看不见的建筑则是"无主张建筑物，且融入于周围环境之中，不显现存在感"。兼备这两种极端要素的作品，就是看得见的建筑 & 看不见的建筑这一系列。

比较容易理解的作品就是位于长野县轻井泽的"SUPER VILLA Ⅱ：Serpente"（1987 年，P3）吧？

它是将"S"扩大延伸，其中部高高隆起的建筑。如果俯瞰的话，会令人联想到大蛇（Serpente）吞噬猎物的样子。因其建筑物的形状是顺地形而为的产物，所以在建造时不得已砍伐了树木，因此南侧全部用镜面玻璃来覆盖，并反射出周围的树木，而那些被砍伐的树木，或许能够变成安魂曲。因南侧全部安装了镜面，所以反射出的是来自地上的视线以及周围的森林和天空，而这一作品的灵感源于电影《铁血战士》（Predator），就如影片中的奎恩（Alien）一样，建筑物几乎全部消失了。

## 从防卫性设计中产生的理念

1995 年，自独立以来已过了 18 年。回顾至今为止的作品，我突然意识到自己一直做的尽是防卫性建筑。无序建筑、全金属外壳建筑、看得见的建筑与［and（&）］看不见的建筑，无论哪一种，都带有防卫性要素。特别是在东京这样的大都市，在设计住宅时会不知不觉地与周边环境划清界限，于是就设计成了防卫性建筑。

其原因在于大都市的住宅状况。即在有限的土地资源上，排列着十分拥挤的住宅，住宅之间相距很近，相互之间的隐私极易暴露。自古以来，我认为日本的住宅在设计时，过多考虑了"借景"这一造园技法。

但现代利用借景比较困难，为了确保宜居的环境，只能根据周边环境进行防护设计。正因为如此，我才如全金属外壳那样在"外"与"内"之间划上清晰的境界线，致力于在"内"打造配置绿地等封闭式的小宇宙的设计。

最初，过多使用了金属等金属材料的板材，并将内外完全隔断。不利的一面则是遇到了有窒息般压迫感的这一事实。为解消这种压迫感，我采用了在金属板打上孔的穿孔金属板（Perforated Metal）。风和阳光则可以从孔中穿过，不仅一扫之前那种压迫感，而且还发现了意外的收获。穿孔金属板的对面，既有相邻的住宅，又有繁杂的街道。然而，相邻的住宅和繁杂的街道的景致通过穿孔金属板，像是蒙上了一层薄纱，相映成趣。

## "界面"（interface）是现代的套廊

受此启发，诞生了我现在的主题"界面"。界面是将内与外设置未完全隔断的雾化玻璃等幕墙，在其内侧设置幕墙作为缓冲区的做法。通过这一幕墙与幕墙之间缓冲区的组合，既可感觉到邻人，又能保护个人隐私，使院内形成舒适惬意的小宇宙成为可能。

而且继续深入探究的话，我发现了"界面"与传统日式房屋"套廊"的概念有共同之处。套廊如无外则亦非内，而是将两个空间暧昧地连接起来的缓冲区。炎热的夏天一打开拉窗，就变成了内的一部分，反之寒冷的冬天一关上拉窗，防雨门板就会成为隔热空间。

这一想法（参照 P12—P15）成了再次确认那些被活用于传统日式房屋的房檐、庭院、壁龛、蹲口等这些智慧的契机。这些都是充分利用了风、阳光和雨等自然之力的建筑元素，是日本人经过漫漫长年的历史而构筑起来的可持续设计。如屋檐，拥有不仅可防止雨水进入室内，还可将冬天的暖阳迎入室内、夏天遮挡炙热阳光等的功能。

但是，在以现代主义建筑为主流的当代——特别是在大都市的住宅区，能看见这样光景的机会明显减少了。关于这一点，包括我在内的建筑师必须要进行反省吧？

理应重视功能性和合理性的现代主义建筑，房檐等的智慧如果保留下来将会更好。但现代主义建筑在中途误入了"克己且简单即最美"这一歧途，其结果是将公认的原本兼备功能性和合理性的房檐等也视为装饰而省掉。站在反省的立场上，我解读了蕴藏于日本房屋智慧的设计原理，并充分利用这一原理且使用不同的素材和设计进行置换，持续努力投入到界面系列的创作之中。

京都的"下鸭之家"（2006 年，P2）就是这样一个范例。

**界面／可持续（sustainable）**

"下鸭之家"坐落在京都娴静的住宅区。如果只看到现代且犀利的外观，其完全会被认为是现代主义建筑。尽管如此，这一作品显示出了我所执着追求的界面，并充分置入了我从日式房屋中所学到的要素。

"下鸭之家"界面的幕墙有两种。正面的圆形雾化玻璃和设置在邻居之

"下鸭之家"的喷砂玻璃现代隔栅 &copy; 铃木爱德华建筑设计事务所

隔栅式法国制窗帘 &copy; 铃木爱德华建筑设计事务所

间境界的竖向熏竹栅栏。正面的雾化玻璃作为现代的"帘子"，将住宅区杂乱无章的风景变为相映成趣的景致，并起着保护个人隐私的作用。

竖向熏竹栅栏是将相邻日式房屋的雅致作为借景，在充分考虑邻居感受的同时，还有着保护着个人隐私的作用。在竖向的幕墙与住宅之间，种植一些矮矮的毛竹、铃兰科的麦冬草、蕨类植物的砥草等，与邻接的日式房屋相结合，酝酿并设计出了独具京都风情的缓冲区。

房檐通过玻璃和百叶窗的组合来改变形状，可防止雨和夏日的直射阳光。而且，虽然不是日式房屋，但却是从千利休所督导的茶室风格中学来的。茶室的入口变为被称作"躏口"的狭小开口。躏口有各种各样的含义，其中之一便是为了感受到从日常的世界进入特别的茶道世界的转换效果。应用这一原理，用雾化玻璃将正面隔开，躏口即使还没到钻入的那种程度，但也需要弯着腰的程度才能通过。

当视线移至屋内，就会与让人想象为帘子的法国制窗帘相遇，它能够让直射阳光变得更加舒适、柔和。而且对客人之间的交流起到了促进的作用，壁龛、温暖身心的地炉、作为外与中和中与中的界面的庭院、拂面的自然通风等，这些日本的风土所孕育出来的可持续的设计以新材料和新形式得到了应用。

行灯也是重要的要素之一。行灯因透过和纸，除了可以抑制光的刺激并赋予安心感之外，还能呈现出幻影似的光。于是，我活用这一原理，在室内选择了行灯式的照明。如此这般，整栋建筑物都可以有行灯笼照的氛围了吧？夜幕降临时，点燃照明灯后其灯光就会穿过圆形的雾化玻璃并照亮整条夜路。

2007 年，下鸭之家因契合"地球环境·建筑宪章"的宗旨而被授予了"生态建筑奖"（Ecobuil Award）。而且，2011 年还获得了日本优良设计大奖（Good Design Award）的鼻祖，即芝加哥雅典娜博物馆（Chicago Athenaeum）所举办的"绿色优良设计奖"（Green Good Design Award）。置入了界面的技法以及从日式住宅所学到的可持续设计这一点，即使是在生态领域，也会受到好评吧？

## 另一个界面——EDDI's House

下鸭之家是受业主的委托而设计的作品。而且除受个人委托的住宅以外，作为置入了以界面技法和可持续设计的"家中有外"为主题的作品，包括与大和房屋工业株式会社合作的作品"xevo EDDI"（原为 EDDI's House，2002 年，P4）。2002 年，它作为大和房屋工业的"建筑师与房地产商合作"的先驱而公开发布，并获得了好评，现在又追加了对于狭窄场地的应对方案。

## 主题变迁和螺旋原理

此前专心致力于无序建筑、全金属外壳建筑、看得见的建筑 & 看不见的建筑、界面等各种各样的主题。然后作为新的探索，将从传统日式房屋中学习到的日式可持续的智慧，运用于现代风格的材料和设计。

由于人与人之间见解的不同，这一变化的过程也可能好像是在四周转了一个圈一样。即"虽然始发于无序建筑这一拥有破坏和建筑双重性的另类主题，但转至全金属外壳和看得见建筑 & 看不见的建筑时，我意识到了借景这一日本造园技法，进而有了界面，而其结果是返回了日本建筑的原点，即可持续设计上"这一看法。

我所尊敬的友人田坂广志（思想家、诗人）经常列举德国哲学家黑格尔（1770-1831年）在辩证法中所阐述的，自然与社会、思考是呈螺旋式发展的。即"弃旧图新时，并不是舍弃所有旧的，而是要将其中积极的要素保留下来"这一概念。

　　我所期望的正是这样的螺旋式发展。虽不知道能对其作出多大贡献，但会常常关注螺旋式的发展。

第5章

富勒和『世界游戏』

　　本章将对我所尊敬的巴克敏斯特·富勒进行阐述。前面的章节已有谈及，富勒是美国的学者、思想家、设计师、建筑师、发明家和诗人，是在多个领域的活跃人物。是通才而非所谓的专家，因其具备众多才能，被誉为"20 世纪的莱昂纳多·达·芬奇"。

　　我认为富勒是将逻辑和感情这一对相反的要素融合为一体的罕见人物。如再次重复他的名言之一："史上最大的诗人难道不是阿尔伯特·爱因斯坦？原因在于他仅用'$E = mc^2$'这三个字母就对宇宙进行了概括。"所谓"$E = mc^2$"，是作为爱因斯坦狭义相对论的最终目标而发表的关系式。富勒以他诗人般的感觉，将著名的物理公式比喻为诗，以此来赞誉伟人。

　　我与富勒相识于 1970 年，那时刚好是大学 5 年级，着手准备毕业设计的时候。毕业设计前期的资料查询阶段，我查找了他的书籍，渐渐地，我看到了他的人物全貌和世界观。总之，他是个有格局的人物，给我留下的是不拘泥于细节，纵览全局、视野广阔的印象。

　　富勒这样从大学退学到频繁地变换职业等经历，可以肯定地说并不是精英之路。他好像也认为自己与精英无缘，将自己的事情称作是"成功的失败案例"。

## 成功的失败案例

　　富勒在学习上也并不优秀，进入哈佛大学后不久又退学，成了机械检修工。之后，又进入美国海军。结婚，并蒙上天恩赐拥有了长女亚历山德拉。然而在他退役后，所就职的公司不幸倒闭。后来他于 1922 年创办了自己的公司，但同年亚历山德拉得了重病，反复徘徊在生死之间，而由于经济上拮据，他们无法给予她充分的治疗，最终导致了女儿的离世。于是富勒因失意开始酗酒，工作也心不在焉，于是在 1926 年被迫辞去社长职务。

1927 年，繁荣的美国经济初显阴霾，富勒迎来了转机。失去女儿又失去工作、深处绝望深渊的富勒，站在了密歇根湖湖畔，准备投湖自尽。可就在那一瞬间，获得了"你的生命不属于自己，而是宇宙所赐予的。即便是自己的也不允许随意剥夺它"这一灵感。从此，富勒开始积极投身研究活动。

"一度准备放弃的生命死不足惜，那就把自己当成试验台吧！"他开始着手主导各种各样的研究，并亲自实践。1983 年，他在 88 岁时结束了一生，并为后人留下了诸多如前所述的以"富勒球"为代表的伟大成就。

## 富勒球

继续富勒的话题。

富勒球因 1967 年的蒙特利尔世博会美国会馆而闻名。直径为 76 米的穹顶，是将完成组装的配件，未经捆包直接用直升机吊运至现场的坚固建筑物。然而遗憾的是，因一场大火除了框架以外几乎丧失殆尽。此后，经过改造被作为环境教育的场所"蒙特利尔生物圈"（Montreal Biosphere）。而遗憾的是，正是因为富勒球异常坚固的构造，它也被用于雷达避难所等军事用途。

在蒙特利尔世博会的前 3 年，即 1964 年，富勒球就已在日本登场。它是保护气象厅富士山雷达天线的庇护所"鸟笼"。它于1999年结束了运行，但"鸟笼"被移至山梨县富士吉田市进行保存，并可以参观。

还有，你是否知道富勒球与诺贝尔奖之间的关系呢？

1996年度诺贝尔化学奖获得者分别是英国的化学家哈罗德·克罗托（Harold Kroto，1939-2016年）和美国的化学家理查德·斯莫利（Richard E.Smalley，1943-2005年）和罗伯特·柯尔（Robert F. Curl，1933年-）3人。获奖理由是"碳60（碳原子60）"的结构解析。碳60是由60个碳原子构成的分子，其形状与足球极为相似。这也是富勒球的形状。获奖者们聚在一起如是说：

"之所以能够揭示碳60的结构，是基于研究富勒球的结果"

正因为如此，国际纯粹与应用化学联合会（IUPAC）为了表达对富勒的敬意，把像碳60那样由多数碳原子构成的簇的总称命名为"富勒烯""巴克敏斯特·富勒烯"或者"巴克球"。

## Dymaxion——以最小耗能，发挥最大效率

除了富勒球以外，戴美克森汽车（Dymaxion car）和戴美克森地图（Dymaxion map）等的发明也广为人知。

所谓的Dymaxion，是由Dynamic（动力）和Maximum efficiency（最高效率）而来的造词，是富勒冠名给发明作品的品牌。其意义在于"以最小耗能，发挥最大效率。"

戴美克森汽车是于1933年开发的有别于传统风格的三轮汽车。大小如同小型巴士那么大，形状宛如鱼一样呈流线型。担任设计的是富勒和与其深交的雕刻家野口勇。为了更好地减少空气阻力，其结果是变成了这

样别异的形状。虽说现在流线型设计已经不足为奇，但在当时肯定是非常新颖的设计。

令人耳目一新的设计，当时收到了 2 辆的预定。可第 1 号试做车却卷入了意想不到的车祸，给人们留下了恶劣的印象，导致 2 号车的预定被取消。在此之后，富勒也未放弃，继续坚持生产了 3 号试做车，但因恰逢资金不足，最终不得不放弃了开发。

另一方面，所谓的戴美克森地图（参照 P62），是于 1946 年取得专利的世界地图。由 20 个正三角形叠加成平面地图时，也就变成了正二十面体的地球仪。富勒为了改善墨卡托投影的不正确性而开发了这个地图。

所谓墨卡托投影，是 1569 年荷兰地理学家基哈德斯·墨卡托（G. Mercator，1512-1594 年）创立的地球投影法。我们现在看到的世界地图也还在使用。

但是，墨卡托投影就像是橘子皮的碎片那样，将曲面变成平面的方法，虽然在赤道附近能够正确表示距离和面积，但是靠近北极和南极的地方就会有较大的偏差。即墨卡托投影下的北极和南极的面积，比实际面积的要大很多。

对此，富勒所提案的戴美克森地图好像是将运用了富勒球的球体进行对称分解后那样展开的。所以北极和南极总的来说，与实际偏差很小自不必说，就连面积也被相对正确地表示了出来。当然并不是 100% 没有偏差和误差，但在面积准确度方面，与墨卡托投影相比，戴美克森地图则是更上一筹。

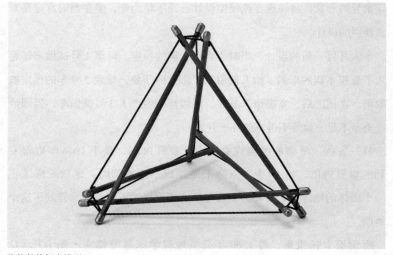

张拉整体概念模型                                                    摄影／田中麻以

## 像蜘蛛网一样的建筑结构

近年在建筑领域，颇受关注的"张拉整体结构"（Tensegrity）也是富勒于 1948 年从大自然中获得灵感，并推进发展而来的。第 2 章中也谈及了"'飞翔之家'、未来之家"，但所谓的张拉整体是张力（tension）和引力（integrity）组合后的造词。是指由压缩材料和拉伸材料所组成的"吊架结构"。在我们的身边，蜘蛛网的结构就与其非常接近。

上面的照片是张拉整体结构的概念模型。粗的构件是压缩材料，黑色皮筋相当于拉伸材料。粗的构件之间彼此互不接触，通过黑色皮筋得以固定。乍一看会被认为受到冲击后十分脆弱，但即使掉在地上也不易损坏。原因在于压缩材料（粗的构件）和拉伸材料（黑色皮筋）发挥着各自的长处并保持着平衡。

另一张照片（右图）是"张拉整体塔"（tensegrity tower）的概念模型。粗棒（压缩材料）看起来好像飘浮在空中。但仔细一看，就可以看见连接压缩材料的透明且细线状的张力材料。这样组成的结构很不可思议吧？

在自然界中，有许多像张拉整体塔那样的肉眼看不到、依靠张力作用的结构已被科学所证明。在宏观世界，太阳系就是很好的例子吧。太阳系由太阳以及其周围公转的行星所组成。太阳和行星是压缩材料，引力相当于拉伸材料。即行星依赖于引力维持在轨道上的运行，构成太阳系。

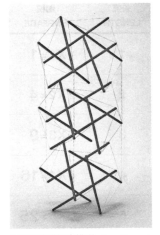

张拉整体塔概念模型

摄影／田中麻以

另一方面在微观世界，可以看到原子构造上的张拉整体塔。原子由带正电的原子核和其周围带负电的电子所组成。原子核和电子是压缩材料，在其中间存在的电磁波起着拉伸材料的作用。

## 浮游都市也是可能的

富勒为了利用张拉整体结构来解决地球问题，提出了各种各样的建议。用直径 2 千米巨大张拉整体穹顶将纽约的曼哈顿环绕起来这一提案也是其中的构想之一，其背景在于曼哈顿的代名词即摩天大楼的存在。许多高层建筑相对于体积而言，都是表面积巨大的铅笔型。表面积越

| 长度<br>LENGTH | 面积<br>SURFACE | 体积<br>VOLUME | 面积：体积<br>SURFACE : VOLUME |
|---|---|---|---|
| 1 | 1X1=1 | 1X1X1=1 | 1:1 |
| 2 | 2X2=4 | 2X2X2=8 | 4:8=1:2 |
| 3 | 3X3=9 | 3X3X3=27 | 9:27=1:3 |
| 4 | 4X4=16 | 4X4X4=64 | 16:64=1:4 |
| 5 | 5X5=25 | 5X5X5=125 | 25:125=1:5 |

大，从外部所吸收的冷气或热量就越多，空调等设备的效率就非常低。从而导致能源被白白浪费。因此，富勒针对体积这一问题，提出了将表面积较小的穹顶制成张拉整体结构，并覆盖在曼哈顿上面这一构想。倡导放弃浪费能源的生活方式。

仅此一点就足以让人感到吃惊，但富勒接着又披露了更令人震惊的构想，即"浮游都市"（cloud nine）。前面曾言及我大学毕业设计中提出的"飞翔之家"这一方案。富勒的构想是在此之上的更为巨大规模的"都市全体悬浮"。构想是基于"标度理论"（scaling theory），即面积和体积的计算公式（平方 VS 立方）的区别。应用这一原理反复计算，导出"浮游都市的直径变为 0.8 千米以上时，表面积和体积之差变大，内与外的温度差仅相差 1 度的情况下，便可获得浮力"的结论。

而且，这座"浮游都市"面积越大浮力就越大。原因在于，相对于表面积的计算公式是平方，体积的计算公式是立方（请参照上表）。直径越大，则表面积与体积的差就越大。根据"标度理论"，就会获得更大的浮力。

说点题外话，表面积与体积之间的平衡对结构来说也是至关重要的。举例来说，假设蚂蚁像大象那么大，在结构上是成立还是不成立？事实上是不成立的。体积越大，表面积与体积之差也会更大，超过一定尺寸，则脚在结构上是不足以支撑身体的。

此外，在人类中，胖人比瘦人更易于出汗，这也是表面积与体积之间的关系。因为胖人与瘦人相比，体积更大，所以体内所燃烧的能量也就多。但因其表面积与体积之差较少，因此与瘦人相比，会更快更多地释放汗液以便降温。

更为微观的范例中，如细胞分裂。细胞在成长到一定大小时，将在分裂后进行繁殖。虽说变大后体积将会增加，但因其表面积不像体积那样增加很多，所以无法吸收足够的营养。细胞分裂也可以说是为了维持生命延续，即表面积与体积之间的平衡调整。

## 关键词"相乘效果"

大家是否知道"synergy"这个单词？字典中有"相乘作用"之意，最近好像又多被使用为"相乘效果"。事实上这个"synergy"是富勒哲学中重要的关键词之一。

"Synergy"原意是"无法预测局部行动、全部的行动或者结果"。附近的地方有水，水是氢和氧的化合物，用化学公式 $H_2O$ 来表示。作为常识即使能够理解，但实际上如果分别看氢和氧这两种气体，则难以想象出它们会合二为一地变成水。

即使是由三角形模块所组成并变为球体的富勒球，若只是看三角形模块也无法想象出它是一个坚固的穹顶。其佐证在于披露富勒球时，即便可以完成三角形模块的结构计算，可穹顶整体的结构计算是不可能实现的。一般来说，富勒球从经验中将应力数值化，并用计算机进行结构计算。可在尚无计算机的当时，许多建筑师们在看到富勒球的结构时，都会发出"该怎样计算才好？！"的感叹并感到很苦恼吧？富勒将其汇集而产生的力称为"Synergy"。

富勒就其所主导的富勒球、戴美克森汽车和张拉整体等的建筑和结构体进行了阐述。在这里，我想切换下视点来挑战富勒的思想和哲学。

## 概念——"低成本、高效率"（More With Less）

富勒某一天根据独自的调查了解到全世界的技术和机械的效率仅有4%，只能满足全人类所需要的44%这一状况。他认为，若能将4%的效率提高至12%，则能满足全人类的需要。虽说如此，富勒也没有很轻率地想通过改善技术来提高机械效率。

第4章中也曾阐述过，在20世纪初的现代主义建筑的初期阶段，被誉为现代建筑之父的密斯·凡·德·罗倡导"少即是多"（Less is More），即"愈少愈美"之意。而富勒则掀起了"事半功倍"（More With Less）这一概念。即以最少的能量、材料和时间获得最大的效果为目的。"事半功倍"的概念激起所有领域开发和发明的热情，于是就诞生了富勒球、戴美克森汽车和张拉整体结构。

另外一个就是从富勒的思想和哲学中诞生的"世界游戏"，也很有必要进行详细叙述。

"地球号太空船"这一当今世界各地无人不知的短语，其最初的提倡者也是富勒。1963 年富勒在他的原著《地球号太空船操作手册》（筑摩书房学艺文库）中，把地球比喻为"由太阳提供能量，以时速 96000 千米的速度，绕太阳运行的太空船"，将人类所面临的诸多问题呈现出来并尝试去解决。这一思想和哲学，之后进展为"地球游戏"。

我在"前言"中也有过谈及，自 2001 年开始通过互联网向全世界迅速传播的《如果世界是 100 人的村庄》，如书名所示，描述了将全世界缩小成一个只有 100 人的村庄的状况，摘录如下：

"20 人缺乏营养、1 人濒临死亡，然而 15 人过于肥胖。"

"全部的财富中有 59% 的财富被 6 人所占据，他们均为美国人。74 人占有 39%、余下的 20 人只占到 2%。"

"全部的能源中，20 人使用 80%，余下 80 人平分 20%。"

"1 人获得大学教育，2 人持有电脑，然而有 14 人是文盲。"

虽然与当时的状况相比，当下已有所改变，但时至今日，世界却还处于《如果世界是 100 人的村庄》这一状况，依然是不平等的。

再次重复，富勒所提倡的"世界游戏"是用科学的战略（设计和科学），在世界上来构筑以平等的且物质的乌托邦为目的的游戏。在通常的游戏理论中，一方为胜者，则另一方为败者。

但是，世界游戏中不存在败者。以物质的乌托邦这一终点为目标，全员如果齐心合力，则全员均可成为胜者。

首先，现在就世界各国的教育机构、企业和行政部门等所举办的"世界游戏"进行说明。将体育馆般大小规模的巨大戴美克森地图（富勒地图）作为游戏盘，参加者根据主持指示按不同地域分成数人为单位的小组，作为地域的代表。每个地域所持有的能源和粮食等资源和教育等问题，将根据现实世界的数据进行决定。参加者作为地域的代表，与各小组反复进行外交和贸易等交涉的同时，不仅是对自己所负责的地域，还需要满足全部地域的能源和粮食的需要，以期解决教育等问题。这样一来，参加者通过游戏将自觉地认识到自己是"地球号太空船"中的一员，为了地球应该学习些什么。

**富勒的叹息**

"世界游戏"并非是富勒在戴美克森地图上的虚拟世界，而是想要在现实世界中实施的宏伟计划。为了实现这一目标，并最大限度地描绘出了利用计算机的这一构想。富勒在世时，计算机尚处于一个相当初级的阶段，互联网亦未普及，更无"Macintosh"和"Windows"。即便如此，他却仍确信计算机社会将会到来，同时确立了充分利用计算机来计算世界的能源和粮食等资源的保存、移动以及人力资源的利用和分配的理想方法这一构想。

大家也许已经注意到了吧？为了实现富勒的世界游戏，为了满足资源和人才的需求自由往来是必要的。因此国境这一概念将变得非常碍事。正是因为"地球号太空船"是富勒提倡的，因此才能构筑世界游戏吧？当时，为了广泛传播世界游戏的思想，富勒在世界各地举办了研讨会。虽说是研讨会，却不如说是无报酬的高雅会合。富勒在会上慷慨激昂地说道："'世界游戏'如果发挥作用，就能得到这样的结果。"

时至今日，不但计算机普及了，而且还如富勒所预想的那样，世界变成了 IT 时代，但却不是《如果世界是 100 人的村庄》。即便技术发展了，世界仍然是不平等的。正因为如此，你不认为现在推进实施富勒的"世界游戏"恰逢其时吗？然而，各国首脑和国际化企业的经营者，这些站在指导者的立场上的人，明明可以在"世界游戏"中构筑一个没有争端的世界，却又无所作为，甚是遗憾。

为什么世界变成这样？如前所述，富勒带着讽刺和幽默的口吻论述到："从由马尔萨斯所开创的"100%的人类无法延续"理论，到达尔文的"弱肉强食"理论，这些过去的错误被延续至现代，人类依然生存着。"

## 世界游戏催生了 CNN 电视（有线电视新闻网）

但并不是说都是完全悲观的。接下来举一个"世界游戏"活用的范例，即 CNN 创办者特德·特纳（Ted Turner，1938 年 -）。他受到"世界游戏"的影响，思考了"怎么做才能实时向世界各地传送资讯？"

之后，据说他开创了世界上第一个（全天候）新闻专门频道 CNN。遗憾的是其信赖性无法确定。虽然这么说，但根据特纳的倡导，其 1986 年在莫斯科举办的"友好运动会"（Good Will Games），也可以说是受到了"世界游戏"的影响吧？特纳担忧以苏联为代表的东欧诸国，会以政治上的理由联合抵制 1984 年洛杉矶奥林匹克运动会，就希望在"亲善"（Good Will）的名义下，举办"由不受政治意识形态影响的一流选手参加的大会。"其结果是，实现了有 79 个国家、3000 多名运动员参加的友好运动会。此后，在美国和苏联等国每 4 年举办一次，一直持续到 2001 年澳大利亚布里斯班（Brisbane）大会。

另外在日本，2005 年京都造型艺术大学的竹村真一教授（1959 年 -）因受到"世界游戏"的影响，开发出了"触摸式地球"。触摸式地球是下一代的数码地球仪，拥有世界上第一个多媒体功能。直径为 1.28 米，为地球的 1000 万分之一。除了显示日影曲线和云层等的活动外，通过人造卫星还可观测到鲸鱼的洄游路线、大气污染机制、台风和地震发生的机制等也均可表示。而且，还可以做到今后 100 年内的地球温暖化的模拟和厄尔尼诺现象的观测。的确是紧紧围绕地球信息并实时显示的地球仪。

用在球体内侧带有鱼眼透镜的投影仪进行投射画像这一构造，手只要一转传感器便可感知，瞬间即可对应其动作进行投影画像。那种感觉与转动普通地球仪几乎没有不同，将鲸鱼洄游路线和大气污染机制等的内容用并设开关来进行操作，利用互联网通常可以获得最新的资讯。

触摸式地球的精彩之处在于，触摸这个地球的瞬间，即可获得"与世界相连"的实感。地球上不存在人为划出的国境。不论是水、云彩、光、还是鱼都不受国境限制而移动着。而且通过全球的观点能够了解实时的地球。我希望我们不要将资金浪费在军备上，而应把资金投放到让世界各地的孩子们理解"同一个世界"的事情上。


## 人类来自同一个祖先

作为世界游戏的归纳，介绍一下有趣的统计数据。某统计学者驱使超级计算机，对有关人类的祖先做了统计调查。

根据如果追溯到前 2 代，则祖先是 4 个人；追溯到前 4 代，则祖先是 16 个人这样的计算方法进行独自修正。其结果是，追溯到 5000-7000 年前为止的话，当今世界上的所有人类均拥有同一个祖先这一事实已十分清晰。《日本时报》（*Japan Times*）在介绍研究成果时，带着幽默和讽刺的口吻写道："即乌萨马·本·拉登和乔治·布什在很久以前就是亲戚关系"，并以此来说明以反恐战争为由的纷争是毫无意义的。

如果世界游戏的提倡者富勒知道了这一研究成果的话，该会做何种反应？

肯定会比《日本时报》还要讽刺得多吧？

# 第6章
## 用水来探究原子结构

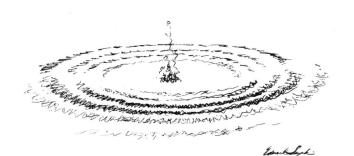

**在实验中确认水的记忆力！？**

下面的主题是水。

水是氢和氧的化合物，用化学公式 $H_2O$ 来表示。并且是我们维持生命不可或缺的最为重要的物质。下面我想围绕水来介绍几个颇有深意的话题。

经常会听到说记忆力"好"或"不好"等。不仅人类有记忆力，动物也有。而且，在 2010 年 6 月，京都大学生态学研究中心教授的研究小组的试验结果显示，植物在适当时期就要开花，并会记忆过去 6 个星期的气温这一现象。即植物也是有记忆力的这一说法得到了科学的验证。

那么，如果说水也有这个记忆力将会怎样？接下来介绍的是在科学界引发争议的"水记忆事件"这一话题。

1988 年，在具有国际权威的学术杂志《自然》（*Nature*）上，最初是因为刊载了法国化学家雅克·邦弗尼斯特（Jacques Benveniste，1935-2004 年）博士的论文而引发的。

论文的题目是"因过度稀释抗血清中的抗 IgE 抗体，而引发的人的好盐基球的脱颗粒化"。题目有些晦涩难懂，但从结论上讲，就是"水是有记忆力的"。

邦弗尼斯特博士将少量的生理活性物质在水中溶解，取出其中十分之一所形成的水溶液，并用其 9 倍体积的水进行稀释。这样最初的水溶液，亦即十分之一浓度的稀释水就完成了。这一稀释方法被称为十分之一稀释法。随后继续用同样方法，再反复进行 24 次稀释，制成在数学上生理活性物的分子几乎为零的稀释水。

之后，为了确认所形成的稀释水是否保持生理活性物质的性质，进行了免疫反应调查。理论上因为生理活性物质的分子是零，所以应该不会起反应。但在使用着色过的白细胞内加入少量血液，进行免疫反应试验时，放入稀释水中的血液的白细胞数量变少，清晰地显示出与生理活性物质发生了反应这一状况。

邦弗尼斯特博士用了 4 年时间进行试验，最终得出了"稀释水保持着生理活性物质的性质，故水是有记忆力"的这一结论。而且，因为其记忆力远远凌驾于我们的预想，所以他在《自然》杂志中指出其拥有"可以记忆完整的一曲柴可夫斯基'交响乐'的能力。"

## 水的记忆力引发的科学界论争

这篇论文立刻引发了强烈的反响。某法国物理学家进行了 453 次相同的试验，其中有 326 次的结果与邦弗尼斯特博士的结果一样。然而即便如此，科学界大部分的声音依旧认为这是"不科学"的。

果不其然，因为如果承认水是有记忆力的，那么至今为止自己的研究都将会化为乌有。批判也理所当然地指向了刊载其论文的《自然》杂志。无论是过去还是现在都未曾改变过，为了能够刊载在世界上最具有权威的杂志《自然》上，必须要通过几道极其严格的审查。对多数科学家和化学家而言，他们都十分疑惑身为学术杂志的《自然》为何会刊载那样毫无科学根据的论文。

更为困惑的是当时《自然》杂志的主编约翰·马多克斯（John Maddox）。为什么？因为马多克斯通过刊载邦弗尼斯特博士的论文，以达到促成公开科学论争的契机之目的。然而如所想象的那样，虽然争论不断深入，但批判性的意见却占据压倒性的优势。马多克斯忍不住亲自到现场进行实证试验，并将其结果刊载在杂志封面上。我想实证试验大约是 2 周。

与实证试验时间相比，问题出在参加实证试验的成员上。成员共有3人，马多克斯、一位统计学家，还有就是引起争议的魔术师詹姆斯·兰迪（James Randi）。

事实上，詹姆斯·兰迪不仅仅是位魔术师，他还有另外一副面孔，即伪科学批判家。这里稍微介绍下因别名"奇妙的兰迪"而著称的他。他在15岁时就揭露了"降神术"的欺骗行为，但反而因"玷污神圣的宗教集会"而被送到拘留所拘押了4小时。以此次事件为契机，他对欺骗心灵术等怀有敌意，之后作为职业魔术师活动的同时，还作为伪科学批判家揭露了多起欺骗心灵术事件。

20世纪70年代，他还与即使在日本也为人熟知的超能力者尤里·盖勒（Yuri Geller）进行了对质。1976年，还在美国作为成员之一，联名创立了非营利团体超自然现象科学调查委员会［CSICOP，现已更名为怀疑探索委员会（CSI）］。超自然现象科学调查委员会是从科学的观点出发，以批判超自然现象和伪科学调查为目的的，由各国科学家和记者、奇术师、作家等参加的世界规模的团体。

## 《自然》杂志的结论

不管怎样，从兰迪加入这一事实来看，可以说马多克斯对邦弗尼斯特博士的研究是持有怀疑态度的。说难听点的话，从最开始就准备好了作否定报道的调查。实证试验中如何进行的调查，又经过了怎样的交涉是无法知道的，但此后在《自然》杂志上发表了"此前所发表的邦弗尼斯特博士的研究论文是不可信赖的"这一更正。

这一更正将邦弗尼斯特博士推入了窘境。据说因研究论文被不容置疑地否定，甚至失去了研究经费。这就是震撼科学界的"水记忆事件"。不过即便如此，仍有许多支持邦弗尼斯特博士见解，并给予关心的科学家和化学家们。据称，他们在《自然》否定这件事之后，也开始继续用各自的方法进行了试验。

另一方面，当事人邦弗尼斯特博士在"水记忆事件"后也仍继续从事研究，并致力于进行通过电话线和互联网等电路，将水所记忆的信息进行传递的试验。只是这项研究也未获得科学界的认可。2004 年 69 岁的他结束了自己的生涯。说个题外话，邦弗尼斯特博士的两次研究，分别获得了 1991 年和 1998 年的"搞笑诺贝尔奖"（IgNobel Prizes，针对令人发笑随后发人深省的研究的奖赏）。

关于水的记忆，作为个人的见解将在后面叙述。在立足于"水记忆事件"的基础上，我想探讨另一个不可思议的关于水的话题！

**水的交流**

接下来的话题是有关美国生物学家李・H. 罗伦森博士（Lee H. Roretsuen，1950 年－）和科学家温斯托克博士（Ronald J.Weinstock，1960 年－）的研究。

20 世纪 80 年代，罗伦森博士和温斯托克博士发表了题为"我们体内的细胞是通过水来谋求交流的。而依靠水所进行的交流因某种原因中断时，人类就会生病"的文章。并且两位博士还主张，生病时若使体内的水的交流复活，那么身体便得以恢复健康。作为一种方法，可考虑将培养后的水通过正常的交流摄入体内这一手段，即在肾脏出现症状的情况下，饮用转录了健康体的肾脏波动的水，以及在肝脏出现症状的情况下，饮用转录了正常的肝脏的波动的水就可以治愈。这种水被称为"波动水"，并已取得了专利。

所谓波动水，是在罗伦森博士所开发的水（微束水）中，用温斯托克（Ronald J.Weinstock）博士所开发的 MRA（磁共振分析器，Magnetic Resonance Analyzer）复制了波动信息的水。微波水是对蒸馏水进行激光照射，又经过陶瓷处理后水分子结构变小的水，MRA 是测定人体微弱能量振动方式，即测定和解析波动的分析仪器。

我知道罗伦森博士和温斯托克博士的研究时，感觉与印度的传统医学、生活习惯、生命科学，还有也可以说是哲学的"生命吠陀医学"（ayurveda）有共通之处。"生命吠陀医学"所倡导的是基于"我们——生物的生命体，原本是以健康且可以生存被编写的"这一观念。

所以"生命吠陀医学"的治疗方法，并非是因西方医学而发展起来的对症疗法，而是提高各自的自然治愈力。即生病时，调动生命体与生俱来的健康记忆，并使身体恢复至健康这一观念。

那么，针对邦弗尼斯特博士、罗伦森博士和温斯托克博士有关水颇有新意的研究，我认为，尽管并未得到科学的验证，但也是不可无视的研究，甚至可以说即使是事实也并非不可思议的研究。想想看，我们人类的身体中约 70% 是水。在结构上，占人类三分之二以上的水如罗伦森博士和温斯托克博士所主张的那样，即使担负着交流的作用也并非不可思议吧！而且，如邦弗尼斯特博士所主张的那样，水为了交流是不能没有记忆力的。

我们了解水是氢和氧的化合物，化学式是 $H_2O$，并知道水是维持生命不可缺少的物质。但这仅仅是水的一方面，我认为关于水还有未知的世界等待我们探索。

## 日本与奥地利研究者的话题

关于水的话题还在继续。这次是关于日本和奥地利研究者的话题。说到中谷宇吉郎（1900-1962 年），其因研究雪结晶而知名，此外，还有位关注水结晶的研究者，同样是个日本人。江本胜（1943-2014 年 10 月 17 日）在美国与罗伦森博士、温斯托克博士所开发的 MRA 和波动水相遇，并缔结了日本代理店契约。于是成立了株式会社 I.H.M.，并担任社长一职，同时独自开始了水的研究，那就是"水结晶"。江本成功地拍摄了将水冻结后的水结晶照片，并出版了作为集大成的《水知道答案》(世界之初水的冰结晶写真集)(波动教育社)。同著作被系列出版，现已出版到第 4 卷，更是在世界 75 个国家出版，据称系列图书已累计销售 250 余万册。

我对美轮美奂的水结晶自不必说，就连对因状态不同而结晶的变化也感兴趣。在写真集中刊载了各种各样地方所选取的水结晶照片。有趣的是，在青山流淌的清水和因生活排水而导致水质被污染的河水，其结晶是有很大差别的。清流之水是梦幻般几何图案的结晶，水质被污染的河水甚至无法结晶。

这次不是在微观下的水分子，而是从宏观视角考察的奥地利自然学者维克托·绍伯格（Viktor Schauberger，1895-1958 年）的话题。原本是林业技师的绍伯格，因某种契机热衷于水的研究，是一位留下诸多功绩的人物。

1920 年左右，绍伯格虽然想利用河道将砍伐下来的木材运出去，但那个地方缺少足以运输木材的水量和倾斜度。某个傍晚，绍伯格看到石头逐渐沉入溪流底部的过程中一边"绘制"着螺旋一边浮起的光景。水流产生了将水收缩，并举起石头这样的能量。受到这一启发，绍伯格设计了像蛇一样弯曲的河道，并调节水温（水的最大密度是在4℃时），木材就这样轻轻松松地流动着。从此，在开始研究水的同时，奔波于各地设计河道，为林业做出了贡献。

另外，绍伯格还主张"水流是有模式的"。举例来说，鲑鱼为了产卵逆流而上，洄游至出生地的河流。其气势惊人，穿越瀑布，一往无前游向上游。逆流而行自不必说，穿越瀑布更是异常艰辛。但是，套用绍伯格理论的话，即"水流是有固定路径的，因此存在适合逆流而上或穿越瀑布的路径。"如第1章最后所叙述，水流也许就像空手道、柔道和合气道那样，是带有动态形（型）状的。

## 不可思议的水分子结构

我在专心阅读邦弗尼斯特博士、罗伦森博士、温斯托克博士、江本胜和绍伯格的相关书籍后，连自己也想要进行水的研究了。我关注的重点是水分子结构。借此之机了解到氢与氧的连接角一般是104.5°。因水的化学式是$H_2O$，如果简单考虑的话，连接角是180°的一条直线，即容易想到图1（P119）中那样的结构。可实际上一定是像图2（P119）中那样保持着104.5°的连接角的。对这一事实有着"为什么"这一疑问，因而进行了原子级别的研究。

## 原子是如何保持稳定状态的？

说到原子，不由得想起诺贝尔物理奖获得者，美国的理查德·菲利普斯·费曼（Richard phillips Feynman，1918-1988年）的观点。费曼除了

图 1  H₂O

图 2  H₂O

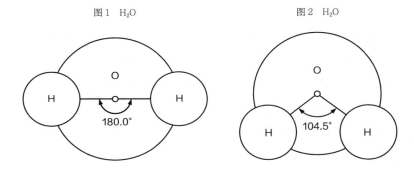

© 铃木爱德华建筑设计事务所

原子形象图

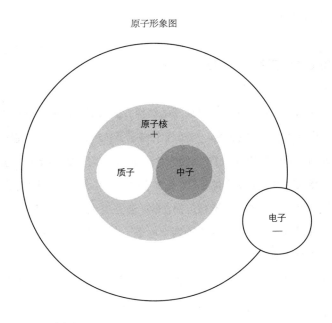

© 铃木爱德华建筑设计事务所

对量子电动力学的发展做出的贡献以外，也是少数参加了曼哈顿计划的物理学家。另一方面，他还因幽默而广为人知，此外还有爱恶作剧的一面。有一天费曼被问到"假如因某种灾难导致地球上所有的科学信息都毁灭时，如何用最少的语言留下最大的信息"的话时，费曼这样回答道：

"那就是原子吧！原因在于物质宇宙全部是由原子所组成的。"

构成物质的最小单位是原子，理所当然用人类的肉眼是无法捕捉到的。

原子结构中央是有带正电荷的原子核，由带正电荷的质子和不带电的中子组成。在原子核的周围围绕着带负电荷的电子，形成电子壳。电子壳荷电子的数量因元素而异。从经验法则来看，原子最外层的电子壳内所存在的电子数量是 4 个或 8 个时，被视为稳定。这一经验法则被称为"八隅体法则"（octet）。

## 共用电子＝双键（double bond）

我根据这一规则研究了氧原子的结构。因为氧的原子序列是 8，所以有 8 个电子、2 个电子壳。电子在围绕原子核近处的 K 壳和围绕原子核远处的 L 壳中的任意一个轨道上运行。但因 K 壳只能运行两个电子，因此自然就得出 K 壳 2 个电子、L 壳 6 个电子。在此对照八隅体法则的话，可以说氧原子是单体且不稳定存在的。若是说为什么，是因为两个氧原子紧密结合，相互共用对方的两个电子（重叠结合、共有结合）。即成为氧分子 $O_2$ 而存在。

以同样的方式分析水的原子结构，在水分子的情况下，与氧原子结合的是氢。因为氢的原子序列是 1，所以拥有 1 个电子。即电子为与不足 2 个的氧原子结合，则需要 2 个氢原子，则变成 $H_2O$。这时，水分子最稳定的氢原子与氧原子之间的夹角是 104.5°。

在探究夹角为何是 104.5° 的过程中，我被原子结构本身所折服。大家也许会不相信，即使是在科学如此发达的今天，原子结构的定义依然暧昧。我们知道有含有质子和中子的原子核，电子在原子核周围转动，并形成像云一样的壳，但除此之外几乎未被解明，而且现在的科学家甚至也未想去解明。

而这是因为"不确定性原理"的缘故。所谓不确定性原理是诺贝尔物理奖获得者德国的物理学家维尔纳·海森堡（Wemer Heisenberg，1901－1976 年）所提出的原理。如果要测量原子和电子的准确位置的话，那么就无法测量运动量。如果测量运动量的话，则位置就变得不准确，因此"同时准确地测量位置和运动量是不可能的"的这一原理。根据这一原理，球状和棒状的原子结构的建筑模型化被视为荒谬，取而代之的是为说明原子和电子等尺寸较小这一现象而确立的量子力学，变成了数式而非建筑性模型来定义。

但我的想法却与其不同。的确如不确定性原理所示，也许是不能同时测量原子的电子的位置和运动量，但正因为原子与分子在结构上是稳定的，物质、宇宙才会成立，结构的稳定才有秩序。将这一想法作为起点，以"何为秩序"为主题，自大约 2002 年起，我开始以自学的方式，投身于原子结构模型化的研究。

## 原子结构的模型化"atommetrics"

开始研究约半年后，我推导出了自己的结论并制作了原子结构模型。我的理论基础是正四面体。如第 1 章"结构与形状"中所叙述的那样，

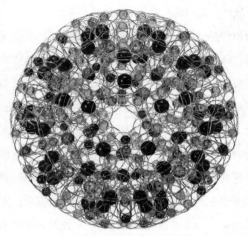

根据 atommetrics 碳 60 的全部电子所表示的世界最初的富勒模型（制作：Dennis Dreher）
© 铃木爱德华建筑设计事务所

正四面体是最简单且自身稳定型的三维空间形状。它来自八隅体法则，即正四面体依靠 4 个电子来保持稳定，而其 2 倍的 8 个电子则更加稳定。将相互纠缠的两个正四面体所组成的星形八面体顶点相连接，给予如此形成的正六面体一个原子秩序的基本构造，并命名为 "atommetrics"。

关于结构的模型化，有 20 世纪初美国的物理化学家吉尔伯特·牛顿·路易斯（Gilbert Newton Lewis，1875-1946 年）所设计的 "路易斯结构式"（lewis structures）。但路易斯结构式是二维的表示方法，加之因为无法表示彼此共用电子这一化学性质的共有结合，之后不得不追加了从量子力学这一产生共鸣的概念中所诞生的共鸣结构。

但是，利用 "原子结构的模型化" 将水的分子结构进行模型化时，不仅原子，连分子结构也可以看见，原子和原子相结合形成分子之际的夹角也可以预测出来的。关于分子内原子每个电子的位置，还有表示了共有结合等的相关性，我可自信地认为，是这世界上最初的模型。

接下来致力于富勒烯（fullerene）的模型化。所谓富勒烯，正如"碳60"这一化学式所表示的那样，是由60个碳原子所组成的分子。

## 向形状科学学会（Society for Science on Form）的会刊《FORMA》投稿

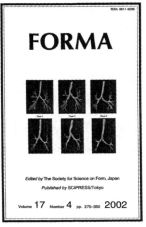

『FORMA』会刊

我根据"原子结构的模型化"将富勒烯进行了模型化。于是发现与水分子一样，60个碳原子的所有电子的位置关系和重复结合的相关性变得一目了然。这是世界上的首次发现。而且，利用"原子结构的模型化"将碳纳米真空管模型化的情况下也获得了同样的成果。

我依靠自学而完成的原子结构模型，我将它们整理成论文并寄给了国际学会会刊《FORMA》。FORMA是拉丁语"形状"的意思。说到为什么是与形状有关的学会杂志，是因为利用了人脉关系，而找到的发表平台《FORMA》。

但是刊载过程并不是很顺利。如前所述，根据不确定性原理，原子的三维模型化被视为荒谬，所以在某种意义上来讲也就成了禁忌。但即便如此，我还是不厌其烦地向评审员解释，终于在5年后的2002年刊载，虽然只有一半内容。但转念一想"已经到了这一步，余下的另一半应该很快就会被刊载了吧？"于是就安下心来。然而未曾想到余下的另一半又花了 5 年的时间审查，直至 2007 年才被刊载。原因在于，上次的评审员全部换届。实际上发表这篇论文用了 10 年时间。

## 超越宝石的宝石——超级宝石！

有过这样曲折经历而发表的原子结构的模型化理论，不清楚到底会有多少科学家、物理学家和化学家来阅读？阅读过的 90% 以上的科学家、物理学家和化学家或许都不会认真地理睬我吧？不管怎么说，这是与不确定性原理相反的，被视作禁忌的与原子的模型化有关的内容。因此发表后，并没有被媒体大肆报道而成为"科学界一箭双雕"等的话题。

然而即便如此，我也是很满足的。根据原子结构的模型化所得出的模型，与量子力学相比更简单直观。正是因为这样，我认为才更接近于真实。因为我是建筑师，所以在结构方面，因略于精通而自负。从建筑师的观点出发，如果观察原子结构模型化的模型，因为非常的简单直观，所以可以明晰很多事情并能进行解释。在《FORMA》上发表的论文中，我不仅明确了分子结构的相关性，还对于其有助于预测这一主张进行了展开。最后，我还制作了几个并不存在的分子模型，并以"尚未被发现，但是否是自然界或是可通过试验和研究人工制成的分子？"作为结尾。

现在可以直言不讳地说，根据我的理论，以及原子结构模型化模型中所预测的，即密度为现有宝石 2 倍的宝石有可能是存在的。然而虽不是"水记忆事件"，但这样的事情想要发表的话，在审查阶段就会引起争议，刊载论文其本身就有可能带着风险，所以我就果断地放弃了这一念头。

虽然关于原子结构模型化的文章被国际专业杂志刊载，但几乎没有什么反响，所以这次就尝试了在范围更广的大众场所发表，那就是"TED"。TED 是 Technology Entertainment Design（科技娱乐设计）的简称。最多可在有限的 18 分钟内完成演讲。甚至连大名鼎鼎的比尔·盖茨（Bill Gates）和美国前副总统艾伯特·阿诺德·戈尔（Albert Arnold Gore）等也必须遵守有限时间的规则。受邀的各领域专家为我们高效地提供了第一手的最新信息概要。30 多年前始于美国，6 年前左右将所有权转让于某影像公司。现在的 TED 演讲视频在世界各国均可按需观看。我在 2012 年举办的"TED @ Tokyo 全球人才搜索（Worldwide Talent Search）"中被幸运地选中参加了决赛，并在现场做了包括超级宝石在内的关于原子结构模型化的演讲（P1 照片）。

**如果建筑师研究 DNA 的话？**

量子力学在 1925 年建立了其基础，并于 1927 年因不确定性原理而得以确立。之后，原子和分子的结构立体模型一直被视作无稽之谈。但如前所述，1953 年美国的分子生物学家詹姆斯·沃森（James Watson）和英国的科学家弗朗西斯·克里克（Francis Crick）解明了 DNA 的双螺旋结构。一说到这个被称为 20 世纪最大发现的研究过程，就会想到参考盐基等的分子模型和 X 射线绕射的照片，将与已知的信息不矛盾的结构进行模型化后的结果。当时，量子力学的基础已经确立，是被打上了荒谬烙印的模型化引导了世纪的大发现。我想说的是，既然有这样的成绩，那为何还要否定模型化呢？

说点题外话，如果不是生物学家和科学家，而是建筑师参加 DNA 结构解析的话，将会变成怎样？无论如何最终只不过是一个建筑师的惯有思维。不过或许还会有下面的想法：

"与用二维来进行思考的化学家和科学家相比，已习惯于用立体思维来思考的建筑师如果参与，发现的是否会更早些？"

# 第 7 章

## 数学、黄金比与设计

## 斐波那契数列（Fibonacci sequence）

本章的主题是数字。从现在开始将进行有关数字的不可思议、颇有新意的话题。

计算机已成为我们生活中的一部分，被认为是由高度思维回路所组成，实则并非如此。计算机的命令代码并不擅长像人类大脑那样的表现和模糊的认知程度。

那么说到如何变化的，即二进制，是由"0"和"1"组成的。简单地说，就是在计算机内只有"0"＝"无""1"＝"有"的这两个世界。

在切换到我的建筑主题时，此前曾触及双重性，关于计算机内的 0 和 1 也可以说是与双重性有关系吧？

有一位关注 0 和 1 的数学家。下面将要介绍的是意大利数学家莱昂纳多·斐波那契（leonardoda Fibonacci，1170 年左右 -1250 年左右），在其著作中记载了有关数列的话题。现在（不用说），即使在中世纪斐波那契也被认为是屈指可数的拥有才能的数学家。

1202 年斐波那契出版了有关算数的著作《算盘书》。该书作为首次将阿拉伯数字介绍到欧洲的书籍，具有很高的历史价值。这是可列举的斐波那契的功绩之一。《算盘书》介绍了从 0 和 1 开始的奇妙数列，被称为所谓的"斐波那契数列"。

以下就是斐波那契数列。

0、1、1、2、3、5、8、13、21、34、55、89、144、233、377……

乍一看像是排列了一些不规则的数字，但实则每个数都是它前面两个数之和。

奇妙的是，这个斐波那契数列多见于自然界的设计。例如，树木的

$$0 + 1 = \mathbf{1}$$
$$1 + 1 = \mathbf{2}$$
$$1 + 2 = \mathbf{3}$$
$$2 + 3 = \mathbf{5}$$
$$3 + 5 = \mathbf{8}$$
$$5 + 8 = \mathbf{13}$$
$$8 + 13 = \mathbf{21}$$
$$13 + 21 = \mathbf{34}$$

分枝。树木生长时，每一个树干都会长出一个新枝。之后，则伴随着成长，当树干长出新枝的同时，则先长出的新枝又会长出新枝。如果定点观察其样子的话，其数字就是 1、2、3、5、8、13……即斐波那契数列。

还有花瓣的枚数。无论是什么花，花瓣的枚数几乎都依照斐波那契数列。而且，植物叶片的排列方式，即所谓的叶序也是斐波那契数列这一事实已得到了众多研究者们的确认。在人们周围的大自然中，也一定隐藏着斐波那契数列。

而且斐波那契数列在人类发明的物品上也可以见到。请想象一下钢琴的样子，白键和黑键所构成的键盘。仔细看的话，在 Do、Re、Mi、Fa、So、La、Cid 的 8 键的白键之间有 5 键，白键和黑键共计有 13 个。且黑键的 2 键与 3 键是分开配置的。8、5、13、2、3……无论哪一个都是斐波那契数列。

| 1 | 1 | 2 | 3 | 5 | 8 |
|---|---|---|---|---|---|
|   | 1 | 2 | 3 | 5 | 8 |
|   | 1 | 1 | 2 | 3 | 5 |
|   | = | = | = | = | = |
|   | 1 | 2 | 1.5 | 1.666... | 1.6 |

花瓣和叶序等自然界的设计以及钢琴的键盘，这些都与斐波那契数列一致，这是偶然的吗？不，不是的！

接下来我想对斐波那契数列中所隐藏的秘密进行解明。

## 黄金比（Golden Ratio）

下面我将对自然界的设计中存在的斐波那契数列绝非是偶然的依据进行说明。

0、1、1、2、3、5、8、13、21、34、55、89、144、233、377……试着用这一斐波那契数列中的每个数字除以它的前一个数字。

1÷1、2÷1、3÷2、5÷3、8÷5、13÷8、21÷13、34÷21……

于是，将会得出下列数列：

1、2、1.5、1.666……1.6、1.625、1.615……1.619……

此处希望特别注意的是，随着反复计算，则结果越发接近"1.618"。这个 1.618 就是这里的"主角"。如果是直觉不错的人，马上就会有灵感了吧？是的，"1∶1.618"被称为"黄金比"（Golden Ratio）。它被视为这个世界上最安定且最美的比例。

接下来从斐波那切数列中，任意选择两个数字 A 和 B，将 A 和 B 相加之和的数字设定为 C。继续用与斐波那切数列的同样方法加到最后的两个数字。

这里 D÷C、E÷D……用前一位的数字来除。得到的答案与斐波那切数列一样，接近于"1.618"。

通过这些结果，证明了斐波那切数列与黄金比的相关性。

## 帕提农神庙与黄金比的关系

接下来就考察下黄金比。黄金比的发现历史久远，据说在古希腊时就已被发现。黄金比一般用"φ＝PHI"来表示，它来自古希腊的建筑师和雕刻家菲狄亚斯（古希腊文：Φειδίας，英语：Pheidias）。菲狄亚斯主导了世界文化遗产帕提农神庙的建设。用现在的话来说就是建筑师。而且在近年，众多的研究证明了帕提农神庙是根据黄金比设计的。举个例子，神庙的长宽比例接近于黄金比这已被确认。从侧面眺望神庙时，已有定论说是按照最唯美的角度进行计算的。

黄金比也与斐波那切数列一样，蕴藏在自然界的设计和历史的美术品之中。身边的一个例子是我们的身体。以脸部的眉毛为分界线，眉毛以上为 A、眉毛以下为 B 时，最为均衡姣好容貌的 B/A 为 1.618，即构成黄金比。身体以肚脐为分界线，肚脐以上为 A、肚脐以下为 B 时的 B/A，以及从手腕到手指前段为 A、从手腕到胳膊肘为 B 时的 B/A 的各个比例越接近 1.618，据称其比例就越好。

在此基础上，我又对古希腊的雕刻家米洛斯（Milos）的维纳斯，即阿弗洛狄忒（希腊语：Άφροδίτη、英语：Aphrodite）进行了考察。1820 年

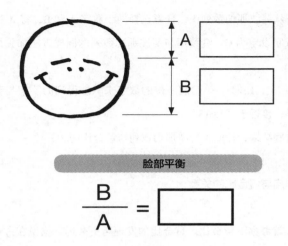

脸部平衡

$$\frac{B}{A} = \boxed{\phantom{XXXX}}$$

爱琴海的米洛斯岛被发现以来，作为美丽的象征而广为人知的女神像，目前展示并收藏于法国卢浮宫博物馆。

我在一次调查米洛斯的维纳斯像并以肚脐为分界线进行上下比例计算，发现与黄金比如出一辙。即历经两个世纪的漫长岁月，令人着迷的米洛斯的维纳斯像的比例即是黄金比。遗憾的是，米洛斯的维纳斯像失去了双臂。发现之初曾尝试过复原，但由于缺乏资料而未能实现。如果拥有双臂的话，从手腕到手腕以前、与手腕到肘腕的比例肯定也是黄金比吧？

虽这样说，但鉴赏帕提农神庙和米洛斯的维纳斯像的机会却甚为难得。在这种状态下，即便说"黄金比很美"也一下反应不过来吧？也许会有人说"帕提农神庙和米洛斯的维纳斯像是艺术品、是人类想象的产物。现实中不存在像米洛斯的维纳斯像那样比例的女性。"但请稍等一下，仔细看下身边和自然界的话，就会清楚所到之处皆蕴藏着黄金比。

我们所交换的名片中，最近个性化形状的名片不在少数。但经常看到的名片是长方形的，对吧？长和宽的比例尽可能被设计成更接近黄金比。同样信用卡和银行卡等也是按黄金比来进行设计的。以后，当再次看到名片和卡片时，是否会感觉到新颖和安心感呢？

## 蕴藏在自然界中的黄金比

将目光转向自然界，鱼类也是如此。在调查了为在水中快速游动的低耗能的流线型形状之后，几乎所有的鱼类都处处拥有黄金比。空中飞翔的蝴蝶，它的身体也是处处拥有黄金比。且进一步说，更早于人类，在远古的时代就已阔步横行在地球上的恐龙，其身体部分的比率也是遵循黄金比的。

不仅局限于动物，植物也蕴藏着黄金比。旧约圣经中出场的禁果多被描绘成苹果。这个苹果的芯呈正五角形，边与对角线的比例是黄金比、对角线与对角线的交点也是按黄金比分割对角线的。

与 1.618 这一比例相比，我更关注黄金比的相关性。举例来说，如由长边是 1.618、短边是 1 所构成的黄金比的长方形。将其分割成正方形和长方形的话，则长方形一定是符合黄金比的长方形（P134）。

假设将 1 设定为大（L）、0.618 设定为小（S），则最初的长方形整体的长边是 L＋S、长边用 L 来表示。面积小的长方形长边用 L 来表示、短边用 S 来表示。

于是得出下列公式，即 $\dfrac{L+S}{L} = \dfrac{L}{S}$。

从这个相关性中，可以看出黄金比拥有数字之美。那就是将变形后的求黄金比的方程式，通过连分数等式的形式表示出来。

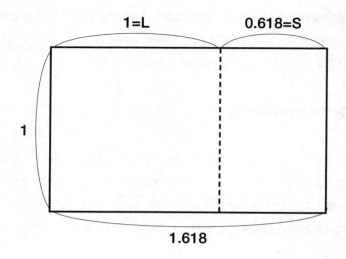

$$\frac{L+S}{L} = \frac{L}{S}$$

## 黄金比与分形（fractal）现象

　　在此所应该关注的，是部分与整体具有同样形状的这一点。无论哪个部分，通常都有整体的形状收缩后的形状，将这一性质称为自相似性。将拥有自相似性形状的现象定义为"分形现象"。而且分形现象在自然界也可以经常看到。里亚式海岸（Ria Coast）、云彩、河流、蕨类植物的叶片、人类体内流淌的血管分布等，都被定义为分形现象。即斐波那切数列和黄金比、分形现象都是彼此密切相连的。

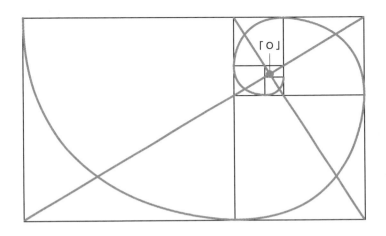

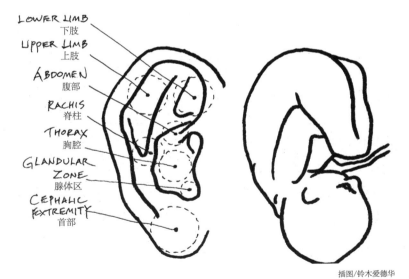

LOWER LIMB
下肢

UPPER LIMB
上肢

ABDOMEN
腹部

RACHIS
脊柱

THORAX
胸腔

GLANDULAR
ZONE
腺体区

CEPHALIC
EXTREMITY
首部

「○」

插图/铃木爱德华

参考文献：《初学者构建宇宙指南》（*A Beginners' Guide to Constructing the Universe*），迈克尔·S. 施奈德
（Michael S. Schneider）

是这样的！据称人类的耳朵也有分形现象。人类耳朵的形状很像倒置的胎儿（P135，下右图）。闲谈之语，耳朵上集中着人体的重要穴位，对应胎儿头部的位置有头部的穴位、对应心脏的位置有心脏的穴位。不可思议的是胎儿的部位和人体穴位的位置一致。

接下来，将黄金比的长方形分割出正方形和黄金比的长方形，并将分割而来的黄金比的长方形再分割出正方形和黄金比的长方形。这样反复操作之后，用圆弧连接正方形的对角线，于是出现了美丽的螺旋（spiral）。

135页上图的螺旋被称为"黄金螺旋"。如你所见，可以了解到黄金螺旋是从中央渐渐向外扩展，由黄金比的长方形所组成。而且这一黄金螺旋在自然界中也会常常被观察到。最美蜗牛，即鹦鹉螺的截面图，描绘着唯美螺旋的模样，与黄金螺旋几乎如出一辙。此外还有很多，如向日葵的籽，仔细观察的话就会发现呈螺旋状排列，这一螺旋当然也是黄金螺旋。卷心菜的截面也是。从宏观上看，台风、大海的漩涡以及银河的形状均与黄金螺旋酷似。

**无处不在的黄金螺旋**

另外，黄金螺旋的中心，最大的长方形对角线和与其直角的第二大的长方形对角线之交点"O"相重合。螺旋无论怎样向外扩展，中心通常都保持在同一地方，即无论螺旋不断向周边怎样有力地变大，中心通常在同一地方保持静止。举例来说，台风的形状也是依据黄金螺旋而形成的，所以台风眼的中心是安静的。

如果注意观察，会发现我们已在不知不觉之中被黄金比包围。当老古董似的哲学家和科学家意识到这一事实时，据称他们把黄金比当作"神之比""神圣比例"来崇拜。莱昂纳多·达·芬奇和米开朗琪罗也是了解黄金比的唯美，才在绘画中大量运用。

我们容易认为艺术是人类创造出来的美，但米洛斯的维纳斯像、蒙娜丽莎、最后的晚餐和大卫像等不朽的名作，无论哪一个无不是以黄金比为中心创作，是可谓没有胜于神之比之美的了！

圣经中记载到：神是依照"神之形"创造的人类，或许我们人类的确是神的小分形现象。

胞子叶分形的典型示例
全体的形状和单个叶片形状相似

插图／铃木爱德华
参考文献：《Natures Design An Exploriun Book》，Choricie Books

第8章

不可思议的同步性

## 同步性（synchronicity）

物理学家 F. 戴维·皮特（F.David Peat，1938 年 - ）撰写了《同步性》（*Synchronicity*）一书（Sunmark 文库／绝版）。皮特是横跨心理学和科学领域的世界第一人。在书中他试图以科学依据，将心理和物质的因果关系予以阐述。

所谓的同步性是指"某种有意义的事情同时发生（偶然一致）"，在日语翻译中也称"同步性"。某种相互叠加的事件同时发生时，因为我们不清楚相关性的意义便顺势说成是"偶然"。但事实上并非偶然，是有意义的。可以说是"必然的偶然"，也就是说偶然是必然，而非偶然。

实际上我认为无论是谁多少都体验过同步性。我自身留下最深印象的是 1973 年父亲去世时的事情。当时，父母在银座经营着一家名为"罗蕾莱"（Lorelei）的啤酒餐厅（Beer hall Restaurant）。也可以说是偶然，某一周几十年未曾见过面的父亲的友人们相继到访店里，第二周父亲就骤然离去了。因为我当时还在哈佛大学留学，所以这只是后来从姐姐那里听到的，我想说这是"预感"呢，还是友人们是否在不知不觉之中相互感受到父亲将要离去而前来告别呢？

### 偶然的叠加

在母亲将要离世之前，也曾发生了不可思议的事情。记得是在亚特兰大奥运会（1996 年）刚刚结束之后，我跟现在的妻子及友人一起正在美国旅行。妻子的姐姐先期返回了日本，因为马上就要到"母亲节"了，所以就托她返回日本后替我为母亲送束鲜花。而且就在我们返回日本后约一星期的夜晚，与母亲一起共进晚餐的时候，突然，母亲说"让我看看你们在美国旅行的照片。"她想看的是替我送鲜花的妻子的姐姐，因为还没见过。此后第二个星期母亲就离世了。

那天，我与妻子外出吃饭，刚一进屋就听到了妻子的姐姐的留言电话"母亲病危，赶快来医院。"我们慌慌张张到了医院，但遗憾的是未能在母亲临终前见上最后一面。第二天必须要给亲戚发出讣告，但不凑巧的是刚好赶上周末，未能找到可以帮忙的人。给妻子的公司去电话，妻子的姐姐竟然偶然在那里，于是联系亲戚的事情就拜托给了她。

结果是我在美国旅行时母亲节替我给母亲送鲜花，在母亲病危时发来了通知，又帮忙在最后时刻联系亲戚的人——都是妻子的姐姐。她成为我的送信人，是否在母亲临终前就已有所察知了呢？因为偶然太过于叠加，所以不得不去这样想。像这样的用科学无法解释的现象，遭遇过波动产生共鸣这一同步性现象的体验，无论是谁或多或少都会有吧？

## 人体内的"超导"现象

在科学的世界中，利用波动产生共鸣现象的技术有很多。

例如激光（LASER = Light Amplification by Stimulated Emission of Radiation），所有的光因以完全相同的波长同步，变成绚丽的光束。

超导（Superconductivity）也是类似的现象。假设有精密度非常高的电子显微镜就能够看到分子和原子的世界。所以当看到通电的电线截面时，会发现普通电线中的分子和原子，分别在随意地运动着。但在超导的情况下，所有的分子和原子同步地将称为电的能源拼命努力地推向同一个方向，其结果是阻力变为零，产生了超导这一现象。

我想人类的身体也会产生同样的现象。我每周的星期日都打篮球,身体状况好时,无论何种姿势、在什么位置投篮,都会频频得分。那时会感到自己身体中所有的细胞都涌向了同一个方向。我想,为了争取零点几秒以及优雅姿势的奥运会选手们在比赛前做的"精神统一",也像是把体内所有的细胞集中到同一个方向上。

神经科学家坎迪丝·珀特(Candice Pert,1946 年 -)报告了其意味深长的研究结果。像"手置于胸前""绞尽脑汁"这样的表现那样,我们的感情是易受心脏、思想是易受大脑所支配的。但根据神经传达物质研究第一人的坎迪丝认为,事实上是存在"情绪分子"(Molecules of Emotion)的。其原形是从细胞中所释放出来的肽(peptide/ 若干个连着的氨基酸),由于肽遍及人体而产生人类的感情。即感情并非位于心脏内,而是奔跑于体内。对我而言,这是非常能够理解的说法。因为身体状况好的时候打篮球,感觉到自己体内的细胞在朝同一个方向奔跑,我就在想是否与其有关呢?


**零点能量场**


进一步说下同步性的话题。

因相对论而著称的理论物理学家阿尔伯特·爱因斯坦事实上也是"量子力学之父"。对于当今的量子力学,他并不是完全没有错。其所留下的未知部分最终未能被接受。可爱因斯坦所否定的某些现象在此后的试验中被证明是正确的。

那就是量子的"非定域性"(nonlocality)现象。即粒子只要接触过一次,即使分开也会永远相互给予影响。举例来说,假设有一对顺时针方向快速旋转的电子和逆时针快速旋转的电子，其中一个即使被射向宇宙的尽头，它们还是会相互关联。一个电子受到某种刺激后，宇宙反方向的另一个电子也会自动发生同样的动作。

根据这一现象，"零点能量（Zero–point Energy ＝ ZPE）场"正在被逐渐解明。所谓零点能量，即所有原子运动被视为停止，即便是在绝对零度也尚且被视为存在的运动能，它的存在已经被实验验证，也被称为"真空能量"。

## 真空中充满能量

普通的"真空"定义，被认为在那里没有任何东西。但最前端的科学研究让我们了解到，实际上真空充满了能量和信息，是充满了物质（plenum）的空间而非空白（vacuum）。根据某位科学家的学说，1立方厘米的真空中存在着超过当今我们所能把握的整个宇宙的能量，而这些能量却被称为"零点能量（Zero–point Energy ＝ ZPE）场"。

零点能量的原形尚未解明，但是连真空都存在能量的话则说明在我们生活的空间里也充满着庞大的能量。如果能够利用它的话，能源问题也就可以一气呵成地解决了。

而且，有种说法是这个零点能量场记录着宇宙所有的过去、现在和未来的事件。颇有深意的是与印度的《阿加斯加的神圣之叶（*The Sacred Leaves of Agasthya*）》[公元前3000年左右，被视为圣者（实有其人）的阿加斯加（Agasthya）所留下的，是书写在叶片上的针对个人命运的预言。预言是用古泰米尔语书写，被称为"Nadi Reader"的人们将其译成现代泰米尔语]十分接近。

关于"阿加斯加的神圣之叶",日本的作家、印度医学（阿育吠陀）研究者青山圭秀，在几本书著中都对此作了详尽介绍。是否突然感觉难以置信了？根据青山的介绍，到了印度的"阿加斯加的神圣之叶"占卜店后，告知自己的出生年月日和名字后，不懂日语的印度人从里屋拿出《阿加斯加的神圣之叶》，并诵读《阿加斯加的神圣之叶》中所记载的青山的过去、现在和未来。据称与其全部吻合。

《阿加斯加的神圣之叶》的别称是《阿克夏记录》（*Akashic records*），亦称"阿克夏年代记"。哲学家组成的世界贤人会议"布达佩斯俱乐部"的创立者欧文·拉兹洛（Ervin Laszlo，1932年－）博士将零点能量场充满的信息和阿克夏记录结合在一起。

我认为零点能量场与《阿克夏记录》或《阿加斯加的神圣之叶》是同样的事物。它们都是直感、灵感、既视感、记忆等这些乍一看是虚无的、作为光的信息被保存在没有任何东西的"场"（field）内，通过与其他的光相干涉所浮现出来的现象吧？所以，我们尘封了几十年的记忆，某一天突然就返回来了不是？简单地说这些现象是同步性的一种，在信息产生共振时，成为一张全息图〔两种光束，参考光束（reference beam）和工作光束（working beam）相互干涉所产生的立体图像〕，那么我们不就是从沉睡于被称为真空的宇宙之中诞生的吗？——我一直这样思考着。

**萤火虫与摆钟的共通点**

因为话题变得稍微难了一些，所以再举个简单易懂的同步性的例子。

例如萤火虫。根据某位科学家的书著，在栖息许多萤火虫的某个亚洲国家，通常各行其是、一闪一闪的萤火虫，听说在某个特定时间会同步忽闪忽灭。

或者把几个带钟摆的发条钟并列挂在墙上，把钟摆调整为同等长度并卷上发条，按不同的时间启动。这样一来，在几天之后钟摆的振动从墙壁传导，好似所有的钟摆将会同步，并在同一个时间运动。

总觉得像萤火虫那样的生物产生共鸣似乎能够理解，但像摆钟这样的无机物产生共鸣就会感觉十分吃惊。

每次听到或看到这样的现象，都会让我想起婴儿时一到母亲怀里就能无所恐惧的、酣然入睡的理由。我想这个理由必定就是心脏的跳动。婴儿与母亲的心音节奏产生共鸣，记录了恬静和安逸，是不是就可以顺利入睡呢？

因此我现在正在学习呼吸法。我想是否所有的事物都由呼吸时机来决定，宇宙的背后有一个波动呼吸节奏，如果再加上自己的同步，是不是会朝着更好的方向发展呢？

迄今为止我们人类的活动与地球的呼吸、自然的节奏显而易见是不合拍的。如果我们能够与地球的呼吸同步，与自然的节奏产生共鸣并能进行调整的话，是不是就可以过上可持续发展的生活呢？某种意义上说同步性与自然的共鸣，对我们而言就像一个不可或缺的规则，我认为这是从现在开始所必须要进行学习与调整的巨大课题。

此事不仅限于是我自身，我想现在世界各国的大多数人已经开始意识到这一问题。当然同步性现象说到底还只是个假说，是在科学家之间尚未被大多数所认可的学说。然而即使尚未在科学上解释清楚，但却不得不认可并接受实际所发生的现象，必须要努力带着一颗探究之心去寻找原委。除非如此，否则就无法找到答案。

## 未知的"竹子"

关于水，是否还有很多我们尚未了解的未知世界？此前已作过论述。单就我们已知的，化学上就有各种各样分子结构的水，我感到水还有很多我们远远所不知的深奥的一面。

关于竹子，我也抱有完全相同的想法。我们知道称为"竹子"的这一材料，也拥有化学分子上的结构。是不是觉得与水一样也有很多不为人知的世界呢？

竹子具有很好的亲水性。只要有水和阳光，就能茁壮成长。竹子的神秘之处在于它总是喜欢溢满着水，我想这不是简单偶然的关联。

我与竹子的邂逅要追溯到20世纪60年代后半段的京都。刚刚开始以建筑师为理想目标的学生时代，经常拜访京都，并游览了传统的建筑和住宅等。那时给我留下最深印象的，是旅游名胜景点、狭窄街道尽头的民居、价格低廉的客栈等，无论去哪里京都的建筑都十分巧妙地活用了"坪庭"这一"设计用语（建筑用语、备品）"。

半叠左右大小的深处的坪庭，为建筑装饰带来了活力。阳光直入空间内，可以感受到自然的雨、风等。也可作为通风的烟囱大显身手。在这样的坪庭中，经常映入眼帘的植物是竹子。细长的竹子，在其平面且狭小的空间里，秀美挺拔的身姿早已铭刻于心。

所以作为建筑师的我，从独立之初便在自己的建筑中分段使用了竹子。独立不久做了许多小型住宅和装饰的工作，为能够把在京都所领悟的"设计用语"灵活运用在工作之中而感到引以为豪。

也就是说在用地狭窄，且建筑物紧邻境界线的情况下，通过建造坪庭、中庭、内庭并种植竹子，在令人可以感受到阳光、雨和风等的同时，还能承担围屏的功能。所以我在自己的建筑中，非常重视竹子的使用，如果有机会的话希望亲自种植竹子并与其长期相伴。

## 象征日本的素材

我喜欢竹子的原因，是因为自己是混血还是因为有一半日本血统呢？因为拥有德国人和日本人的父母，所以我想我也许比日本人还更在意日本。现代主义建筑（近代主义建筑）开始之际，也是二战后刚结束之时，日本人对外国人好像有一种自卑情结。大家所有的东西都向西方看齐，不仅仅是在建筑领域，我想就连对日本的文化也是予以否定的。

所以，日本的建筑师在使用"帘子""瓦""叠""竹子"等日式的素材上，不管怎么说都是禁忌，不成体统，甚至有着担心会被海外嘲笑这样一种意识。

为此，观察以前的现代建筑，就会发现很难找到那种日本特征的要素。即使有，也仅限于弗兰克·劳埃德·赖特和安托宁·雷蒙德（Antonin Raymond，1888－1976年）等外国建筑师的作品。他们活跃在日本时期的设计中使用的帘子等日式要素，在日本人建筑师作品的"设计用语"中几乎都被摒弃了。

然而因为我一半是德国人，与其说是对那样的潮流不敏感，倒不如说是迟钝，几乎没被左右。只是因为单纯喜欢象征日本的素材，所以当时就使用了许多竹子。

我的体内应该有一种类似于"竹子＝日本"这样的情结。这样一想，对我而言与竹子的邂逅就是一种同步性而非简单的偶然相遇。

## 七夕、辉夜姬、爱迪生

竹子这一素材自古以来还被大书特书成梦想和浪漫，比如说"七夕"。它是如大家所熟知的每年一度的织女星和牛郎星被允许度过银河相会的特别日子。人们为何会为了祝贺这一天在短册（长条便笺）上写上自己的愿望后并装饰在竹子上呢？

或者如古老的故事《竹取物语》。正如大家所熟知的那样，这是一个关于一位伐竹老翁在闪烁着光亮的竹子中，发现了一个3寸（约9厘米）大小的可爱女孩，而这个女孩最后又返回了月亮的传说。正如人们所常说的那样，这或许是现实生活中不会遇到的事情，而我在想辉夜姬会不会是外星人呢？

另一方面，竹子也是实用性的素材。举例来说，为寻找白炽灯灯丝材料的著名发明家托马斯·爱迪生（1847-1931年），经过千辛万苦终于找到的材料是京都八幡出产的竹子。象征着日本传统文化的京都竹子，被利用在象征着文明发展的白炽灯上，这是不是意味着与过去、现在和未来有着共存之意呢？换句话说，竹子有其实用价值的同时，还充满了梦想和浪漫，我想这是其他材料所不具备的品质吧！

很久以前，我就一直在想与实木相比较，竹子这一素材是否应该更广泛应用于建筑业界呢？所以在我的设计中，特别是在住宅设计中，这十几年的时间里我几乎未使用过木制地板，取而代之的是竹子合成地板。门和壁橱等家具，制作家具的材料也大多使用的是竹子。

## 将日本竹子作为结构材料

　　树木成材需要 30 年以上的时间，但竹子 3 到 5 年便可成材，是可持续的材料。而且日本有堆积如山的自生竹子。经常会有街道地方城市的人们前来咨询，询问有否可充分利用当地丰富竹资源的方法。为此我曾多次前去建言献策。但遗憾的是，现在日本在建筑上所使用的竹子材料大部分是从加工费低廉的中国进口的。

　　虽然日本国内自身有很多剩余的竹子材料，若是不再灵活运用的话则实在可惜。为了提高地方城市的活力，是否能够以某种形式来激励竹子的使用呢？——10 年前我就在酝酿着竹子不应只是当作完成品，还应该作为梁和柱的结构材料使用的做法。

　　为什么这样说呢？我认为竹子的合成材料比实木的合成材料更为结实。因为竹子自身是纤维状的，压缩自不必说，即使对张力也有很高的强度。在钢筋材料缺乏的发展中国家等，在钢筋混凝土结构中用竹子替代钢筋来使用。我确信建筑业界迟早会将竹子作为结构材料导入并大力进行推广的。

　　本来在东南亚等国家，圆竹自身作为建筑的结构材料被使用的例子有很多。而在中国，可将竹子作为建筑现场的脚手架来使用，即将竹子制成脚手架的框架，然后用竹签将其连接后组成这一简单的结构。

　　而且竹子脚手架身为自然材料的同时，却又可重复利用。曾经看到过中国香港的高层建筑，用竹子组成的脚手架解体现场。上面的人把竹子卸下后，接二连三地往下扔，嗖地掉在混凝土道路上，发出哐哐的声响后弹跳起来，而后被下面等着的人将其一根一根抓住，装进卡车并运到下一个现场。

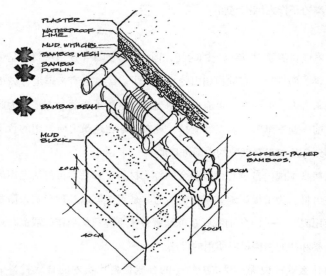

PLASTER
WATERPROOF LIME
MUD WITH CBS
BAMBOO MESH
BAMBOO PURLIN
BAMBOO BEAM
MUD BLOCKS
CLOSEST-PACKED BAMBOOS.
20CM
30CM
40CM
20CM

© 铃木爱德华建筑设计事务所

　　2000 年举办的汉诺威世博会，我的友人冈特·鲍利（Gunter Pauli，1956 年 -）作为"零排放"（zero emission）的倡导者而广为人知，他因在南美的哥伦比亚馆仅利用本国所产的竹子作为结构材料建造了展览馆而受到瞩目。

　　事实上，我在哈佛大学大学院时的毕业设计便是使用了竹子的住宅。主题是为印度孟买流浪汉建造的自助房。即如果流浪汉们用自己的双手来建造自己的家，那么应当建成何种系统更好呢？针对这一问题，我的提案是主要结构材料利用土和竹子，具体地来说就是把圆竹捆绑在一起，并用竹签卷起做成梁，然后将其穿过用土烧制成的砌块堆积而成的基础，并形成屋顶（参考上图）。

## 于防震对策亦有益

　　像日本这样地震多发的国家，竹子还有另外的用途。地震发生时，可以起到防止土地开裂的作用。竹子在地上向上延伸、在地下其根遍布四处。实际上，土因竹林而被割裂的话几乎没听说过。

　　由此，我认为在庭院等处种植竹子是保护自家住宅非常好的对策。总是会听到根部伸展会不会伤害地基等类似的担心，我在自己的住宅，已经种植了 30 余年竹子，像那样的问题完全没有反生过。相反，我倒是认为它起到了易于基础稳定的作用。

　　就像这样，竹子是有多种利用形式的优良材料。竹子一般越是在重视活性化、可持续建筑以及生态环境等方面的比较富余的地方城市中，就越应该加以充分利用。

# 第 9 章

# 先有意识，还是先有物质？

## 意识产生物质！？

下面的主题是"意识"和"超能力"。读者们也许不禁要问为何还要说这样的话题？我认为单从人类诞生这一点来看，这个问题是不是就很重要？自己理解这一点是不是能给日常生活带来更多的好处？

所谓意识，在我们在已知的范围内，是否在地球或宇宙中是只有人类才拥有的能力？当然，其他动物也拥有某种程度上的意识，但"想象力"是只有人类才拥有的。

那么，何为意识？它到底来自何方？

如前所述，最新的研究成果表明，真空并非什么都没有（空白），而是充满物质的空间，是充满能量和信息的空间。而且据说"零点能量场"记载着宇宙的所有过去、现在和未来的事件，而且它还有与印度的《阿加斯加的神圣之叶》传说相通这一说法。

总之，我们不得不去思考我们人类是否是诞生于称为零点能场的"意识之海"。换言之，我想不是物质产生意识，而是早在物质之前就有意识，是不是意识产生物质呢？

## 意识寄宿在身体这一容器之中

我们来到这个世界时，是赤身裸体的、无意识的、无知的。原本一无所有的地方，渐渐地给脑内增加了信息或能量，获得知识并开启智慧，最终可看到未来的梦想力，即掌握想象力。有种说法认为，难道不是原本身体是物质的存在，身体这一容器内寄宿着意识并发展着吗？这被称为"涌现现象"（emergent phenomenon）。

举例来说，法国的天主教耶稣会神父、古生物学家、地质学家、哲学家、思想家、因研究并确认"北京猿人"头盖骨而知名的德日进（Pierre Teilhard de Chardin，1881~1955年）主张说，在人类的脑内数不尽的脑细胞之间，以光的速度传播着各种各样的信息，其复杂的运动最终创造出只有人类所拥有的意识（意志和知性）这一"力"，即所谓"复杂系"理论。

第5章对"相乘效果"进行了论述，德日进所阐述的确实是相乘现象的一种。重温一下，相乘作用意为"以部分和部分行动，是无法预测整体行动的"。

简单易懂的例子，此前叙述过的水分子"$H_2O$"。两种为气体的原子氢（H）与原子氧（O）结合，发生化学反应并形成液体的分子 $H_2O$。与此相同，作为庞大的脑细胞进行复杂运动的结果，是不是就应该产生意识呢？

## 涌现现象与最前沿科学的融合

如前所述，最前沿科学的科学家们之间所说的恰好相反。那么，这两种说法该如何思考呢？

最初是先有意识，并由意识产生物质宇宙，其结果是人类也诞生于这个世界。但人类因后来的环境、时间的变化，想起自己是从哪里来的？即虽想不起来刚出生的时候，但却在从周围的环境中不断地吸收各种各样的信息和能量时，试图找回自己本来就是由意识而产生并生存的这一记忆。原本是不是因此我们才被赐予生命的呢。

现在我最终的答案就像这样，如果按这个思路思考的话，涌现现象与最前沿科学的说法是不是就会更好地妥协甚至融合呢？

## "精神圈"与"集体潜意识"

德日进还主张了另一个颇有深意的学说。那就是，每个人的人类意识形成"精神圈"（noosphere）层并覆盖着地球。地球的表层被分为重力圈、岩石圈、水圈、大气圈等，其中动植物生长的"生物圈"出现了具有高度意识的人类，其在地球上形成了新的层。

这一学说与心理学家卡尔·荣格（Carl Jung, 1875-1961 年）所主张的"集体潜意识"（collective unconscious，人类无意识的深层里存在超越个人框架的先天性结构领域）有相通之处。而且，我想这与此前阐述过的"同步性"和"零点能量场"是不是也有联系？被认为零点能量场是真空的、一无所有时的时空中，实际上充满了能量和信息。我想正因为如此"超能力"或许也是可以发挥的呢？

一般而言，超能力被解释为是普通人所不具备的特殊能力，就像人类听不到的声音狗却能听到那样，或许只是"频率的不同"？即我想，是不是可以将那些能够针对普通人无法捕捉的频率范围调整波段的人们称之为"超能力者"呢？

## 培养"超能力者"的国度

当然，大部分超能力至今在科学上还是无法解释清楚的。但有不少人承认现实中存在着超能力。实际上传言冷战时期的美国和苏联，都曾花费巨额预算培养超能力者，欲作为间谍来有效利用。举例来说，根据记录了美国中央情报局（CIA）极秘计划的《超能力士兵》（*PSYCHIC WARRIOR*）一书介绍，实际上有好几个超能力者，可以在身体原地不动

有关培育超能者的书籍

的状态下，只让意识自由飞翔，能够从空中俯瞰到保管着苏联最高机密和举办会议的地方。

## 偏见阻碍人类的发展

但是，世界上好像依然有很多不相信超能力存在的人，以及认为不可思议并付之一笑的人。就我个人而言，对现实中所发现的能力视而不用，感觉是非常不可思议的。

在超能力以外的领域，也时常看到这种偏见阻碍人类发展的情况。例如在医疗领域，针对建立在科学基础上的西方医学而言，东方医学是以经验为基础且从技能上完成了独立发展的。对于东方医学而言，虽然奏效却未在所谓科学上被证明，但却有许多被承认是有明显效果的治疗方法。

然而，西方医学的信奉者，特别是日本人医生"不相信没有科学依据的东西"，比西方人还更顽固地否定东方医学的人有很多。为何两者不能很好地合为一体有益于治疗？我感到很不可思议。

如果内心固于偏见且又没有意识到偏见的话，就不可能与新的发现相遇。我想应该将意识变得再柔软一些，坦诚地接受即便是未知但却是已经存在的东西，再继续探究为何会发生这种现象的原因。这样就会被引导至无法想象的新发现之中，这一定是对全人类都有益的。

"意识和超能力是什么一点都不了解，日常生活中也不合情理"，持这种想法的人也不在少数吧？但是，正因为不懂才有趣，唯有不断揭开谜底，才是上天赋予人类的使命不是吗？换句话说，我们为何诞生在宇宙？针对这一问题的回答之一便是为了挑战"揭秘冒险"。

如前所述，像印度《阿加斯加的神圣之叶》那样的传说，不去从主观上片面断定其是谎言，需要去探究与科学的共通点，这样是不是最终就能发现从远古开始哲学家们就试图揭开的谜底呢？

最近在阅读以科学为基础的精神性，即"非传统的生活方式"（alternative lifestyle）这一领域的西方书籍时，感到西方人对这样问题的关心程度远高于东方。其原因是西方将目光转向过去东方所做过的事情，即迄今为止在科学上尚未被揭开之谜，也许会不断地找到答案。

本章介绍了在科学上尚未被证明的事例，期待在不久的将来，这些事例将会伴随着科学的进步逐一被解明。

# 第10章

# 通俗易懂地解释相对论

"如果'诗'是以最少的语言来表达真理的话，那么史上最伟大的诗人岂不是阿尔伯特·爱因斯坦?"之所以这样说，是因为他将整个宇宙归纳为"$E = mc^2$"这 3 个字母。

本书中反复介绍了我最敬爱的巴克敏斯特·富勒的言论。在此我想对富勒所说的爱因斯坦是"史上最伟大的诗人"进行叙述。

为何建筑师会谈论爱因斯坦? 作为读者的大家，也许会觉得不可理喻。本书"GOoD DESIGN = 神（自然）的设计"（直译），即是以何为自然的结构这一主题来命名的，所以抛开了爱因斯坦就无从谈起。

如您所知，爱因斯坦在某种意义上颠覆了此前的牛顿力学。在牛顿力学中空间和时间是完整的，但爱因斯坦认为其是不是错的呢? 他认为这个世界没有完全绝对的力学，所有的都是相对运动的，是不是都应该相对来看呢?

其主人公就是"光"。爱因斯坦从瑞士的苏黎世联邦理工学院毕业后，在瑞士专利局做审查官工作期间，与朋友们一起成立了"奥林匹克学院"（Olympic Academy），在关于物理学的激辩中，他绞尽脑汁地思索着光。如果自己拿着镜子，以与光用同样速度奔跑的话，镜子中是否还会反射出自己的身姿，即我们在照镜子时，光通过镜面反射出自己身姿的镜像。我扪心自问，如果自己以与光用同样速度进行奔跑的话，因光无法抵达镜面而不能发生反射，是不是就不能照到自己的身姿呢?

# 迈克尔逊－莫雷实验（Michelson-Morley Experiment）

构成那一契机的是 1887 年由阿尔伯特·迈克尔逊（Albert Michelson，1852-1931 年）和爱德华－莫利（Edward Morley，1838-1923 年）两位科学家所进行的"迈克尔逊－莫利实验"，这是为了证明目测的光速依存于光的方向。然而，其结果是光速并不依存于光的方向。换句话说，光速无论来自哪个方向、在何种状态下进行观测，都被"确认"是不变的。

在牛顿力学中，物体运动的表面速度依存于观测者的运动速度。举例来说，以速度 100 公里／小时相向而行的两辆汽车，双方都会把对方的速度看成是 200 公里／小时。反之，以 100 公里／小时的速度驶向同一方向的两辆汽车，双方会感觉彼此处在静止不动的状态。这理所当然地被认为也适用于光的运动，然而实则不然。

换句话说，假设从以 100 公里／小时的速度行驶的汽车中，向行驶方向发射一束光，并不能说其光速就等于光速再加 100 公里／小时。同样，即使是向与行驶方向相反方向发射一束光，光速也不会减少 100 公里／小时。光速依旧是不变的。

受到"迈克尔逊－莫利实验"的影响，爱因斯坦开始了各种各样的思考。"速度＝距离÷时间"。如果光速一定，因原本距离是一定的，所以若是什么变化都没有的话，则光速的公式是无法成立的。

那么如果是这样的话，变量就只剩下时间了。因此，爱因斯坦认为时间有些怪异！其结果是"因运动速度而导致时间的流逝发生变化"，并于 1905 年发表了狭义相对论理论。

## 光是"神"的象征

通常所说的狭义相对论引出的悖论，就是假如自己以光速奔跑的话，时间就会停止。

举个有趣的例子，双胞胎兄弟一人留在地球；另一人乘坐火箭飞向宇宙，绕宇宙 1 周后返回地球时，因宇宙往来的速度使时间行进速度变慢，所以留在地球上的人已经变老了。这就是所谓的"浦岛太郎效应"。但如果相对思考，留下火箭，地球从火箭中飞出去，则二者可以同时被捕捉。

或者，汽车如果以光速行驶，在相对论中就没有了长度。但还留有宽度和高度。是因为只有长度不存在，将迄今为止的三维变成了二维。可这还是有些怪异，那样的疑问还留在狭义相对论里。

不过即便如此，我还依然能感受到狭义相对论的巨大魅力。那就是无论是东方还是西方，在众多的宗教里光是象征着神一样的存在。墨西哥城东北部的古代都市遗迹特奥帝瓦砍古城和南美的印加，都将太阳之光视作神来崇敬。我认为日本神道的镜子也是光象征着神的一种表现。

即狭义相对论引出的结果与象征神的光大同小异。之所以这样说，是因为在相对论中对以光速奔跑的事物而言，时间和空间并不存在，是"光＝无的世界＝永远、永久＝神"之意，所以对于探究"神的建筑"的我来说，颇感深意。

## 广义相对论

在爱因斯坦的相对论中，有狭义相对论和之后所发表的广义相对论。他说这"是一生中最为幸福的设想"，是成为广义相对论的基石，亦即

"等效原理"。

爱因斯坦于1922年在日本京都演讲时，这样回顾了那一瞬间。

"突然，某个想法浮现了出来。如果有个自由下落的人，他应该感受不到自己的重量。我感到十分吃惊，如此简单的想法，实际上却给我留下了深刻的印象。是它迫使我研究了重力论。"

所谓等效原理是基于速度和重力并非同种事物，却将之视为同种的这一想法。

举例来说，假设我们乘坐电梯。静止状态的电梯开始上升，越是加速越能感受到位于箱体之内的我们的"重量"。

反之，假设电梯从数万米高空自由落体时，我们就感觉不到重力。即所谓的"无重力状态"。实际上，我曾经有过乘坐喷气式飞机，从高空自由落体的体验这种无重力状态的旅行。

或者，从宇宙空间站传送回来的影像中，宇航员总是飘浮在空中。看到那个情形的我们，很容易会想到的是因为那里没有重力，所以人类才会飘浮起来。但是事实并非如此，宇宙空间站中也是有重力的。

但是，因为宇宙空间站朝着地球自由下落，所以与前面的喷气式飞行机一样，乍一看是无重力状态。只是因为在地球的轨道上运行，不仅有垂直方向的重力，还有离心力，所以才能保持在轨道上运行。针对地球向下的引力而言，如离心力不足的话就会落下来，离心力过大则会偏离轨道飞向宇宙。


## 尚未统一的"宇宙的四种力"


在等效原理设想的基础上，爱因斯坦又推导出了广义相对论，并得出空间与时间是一体的想法。迄今为止的牛顿力学认为时间与空间都是绝对的，但爱因斯坦则提出空间与时间是一体的，作为不可分割的想法提出了"时空"这一概念。然后，根据这一概念爱因斯坦最终得出了重力事实上不是力，而是因物体的质量而带来的"时空扭曲"所产生的几何学现象的结论。

这一相对论成为现代物理学的重要基石。即便如此，被视为"宇宙的四种力"的"引力""电磁力"（连接原子核与电子的力）"弱力"（引起中子自然衰变的力）"强力"（连接粒子的一种夸克的力），至今为止仍尚未被统一。

物理学家认为四种力在宇宙诞生之际是否只是一种力呢？为证明这一说法，如用同一原理可以把四种作用解释清楚的话，则是十分有益的，因此他们提出了"统一理论"和"超弦理论"等各种各样的理论，挑战着四种力的"大统一"。

迄今为止，"电磁力""弱力"和"强力"已被大致进行了统一。但现状是唯独引力无论如何与其他三种力难以连接在一起。如果能解决这一科学界最大难题，一定也能获得诺贝尔奖。世界各国的物理学家也正在以此为目标，日夜兼程地进行着研究。

**针对相对论的个人疑问**

在这种情况下，就个人而言，我认为相对论是否存在某种缺陷？

首先，我对光速是否真的不变这一问题抱有很大的疑问。比如，我在对推导出光速不变原理的"迈克尔逊 - 莫雷实验"进行调查后发现，整个实验流程中，存在着事先将光速不变作为前提条件进行计算的迹象。

另外，还有如前所叙述的双子悖论，如果汽车以光速行驶的话，除长度不存在外，只剩下宽度和高度，迄今为止三维变成了二维这一矛盾等，对相对论的疑问也有很多。

况且，爱因斯坦的主张，"光在宇宙中拥有最快的速度，分开一定距离的某物和某物互相影响时，必须将光的速度计算在内，这在一瞬间完成是不可能的。"可是在爱因斯坦去世后，只接触过一次的粒子即使分开，也会永远在一瞬间内相互影响，被称为"量子的非局域性"（non-locality）这一现象得到了实验证明。

像这样，相对论开始时的不全面也是不争的事实。虽然"推翻"牛顿力学的爱因斯坦的想象力是非同寻常的，可见其功绩获得几次诺贝尔奖都是不足以为奇的，他是像神一样伟大的科学家这一点也是毋庸置疑的。

现在，我们的前提条件，宇宙论是爱因斯坦所创造出来的。今后无论是谁，如何以相对论作为基础，或者否定相对论再提出新的宇宙论，我认为实际上我们站在了有意义的科学的、历史的转折点上。

## 追求明亮的西方，重视昏暗的日本

如前所述，光无论在西方还是东方的众多宗教，都是如神一样的存在。但在宗教以外的领域，我感到，对于捕捉光的方式，西方和东方略有不同。举个例子，从建筑视点来看，西方的教会和大教堂与日本的神社佛阁，对光的处理方法、对待方式上有着明显的不同。

我认为中世纪建筑的教会和大教堂，以巧妙地利用从高处侧面和彩色玻璃等射入的外光照射在装饰上的形式较多。近代建筑也是如此，如勒·柯布西耶设计的"朗香教堂"（法国），在厚厚的外壁上随意地设置各种各样形状的小窗户，极为重视从那里射入的外光这一象征着西洋建筑的采光方法。

另一方面，在日本神社佛阁的场合，光作为建筑的一个要素被采用的情况则非常少。在古崎润一郎（1886-1965 年）的随笔《阴翳礼赞》（中公文库）所描述的世界中可以找到许多记述。古崎指出，在电灯尚未出现的时代，西方执着于如何使得房间更亮，消除阴翳。但日本与其说是认可阴翳，倒不如说是通过利用它，来创造只有在阴翳中才能诞生的艺术。

的确，在日本的神社和寺庙，位于尽头昏暗的地方安住着神和佛，而且那里是由蜡烛的光照亮的，而非自然光。昏暗中微微闪耀着金和银的材料，蜡烛那微不足道的碎光间接地给空间带来了飘忽且朦胧的亮光。京都的寺庙也很重视这种"昏暗文化"。由于文化的不同而光的摄取方法也不同是显而易见的。西方人与日本人的精神、哲学、生存方式等的不同之处是否在进入建筑后而被改写了呢？

说些题外话，我在阅读《阴翳礼赞》英文版时感到吃惊的是日文原版中所没有的译者后记。古崎在其书中称赞了利用阴翳这一日本艺术，改变手、改变物品的做法。但在译者的后记中，建筑师接到了古崎私宅改造设计的委托，记载了初见古崎时的对话。"因为拜读了您的大作《阴翳礼赞》，所以明白了您所希望的住宅样式"，针对建筑师的这席话，古崎答道："但是，我无法住进如此（昏暗）的家。"这是古崎夫人书写的趣闻。我想这一回答或许是带有幽默的效果吧？可是……

《阴翳礼赞》(英文版) Tuttle Publishing 出版

黑泽明（1910－1998年）导演的电影《七武士》，也是除了日文版本外还有好莱坞版本。原版中的英雄人物三船敏郎死了，但在好莱坞版本中却幸存下来了则意味着变成了快乐的结局。像古崎润一朗和黑泽明这样艺术家的作品，也是因读者和观众的文化不同而略微做些编辑，实际上我认为是十分有趣的。

## 一切始于"相关性"构成

还是返回以前的话题吧！光是电磁波的一部分，眼睛可以看到的光称为可视光线。对于光无论是在西方还是东方的众多宗教里，都象征着神一样存在的原因，我认为是因为将"看"变成了可能。而且，"看"这一行为与"明白""知道"和"理解"相通。在这种意义上，我认为让"看"成为可能的光拥有"建立事物关系的能力"。

宗教的英语是"Religion"，尝试查了下语源发现拉丁语的"Religare"

这一词汇，即"建立关系"的意思。我个人的假说，宗教的初期在领袖式存在的人物或者父母等死亡时，活下来的人们与死者保持着"相关性"的行为。而且我认为不仅是宗教，宇宙万物皆由相关性构成。

在第 10 章中，被视为"宇宙的四种力"的"引力""电磁力""弱力"和"强力"至今尚未统一。我说过如果揭开这一科学界最大难题，一定是会获得诺贝尔奖。

且这也如前所叙述，如果宇宙万物真的是由相关性构成的话，汇集这四种力的力在被发现之时，事实上很可能就是"爱"。如果真是这样，我也全然不会感到惊讶。当然，我完全知道说出那样的话，会被科学家所耻笑。但结果我认为将所有事情积极结合的力，只有"爱"。这不是感伤主义。越学习生命科学就越深信"爱"是至关重要的。"前言"和第3 章也叙述过，现在对于生命而言，与 DNA 相比，环境是更为重要的，这已被许多科学家所认可。环境拥有改写 DNA 结构的能力也已被证明。而且在环境中，比什么带来的影响都要大的要素就是"爱"。

布鲁斯·利普顿说道：

学生时代在阅读奥地利动物学家、诺贝尔奖获得者康德拉·劳伦兹（Konrad Lorenz，1903-1989 年）的著书《攻击——恶的自然志》（*Das sogenannte Böse*）时，对其最后的结论，无论如何都有难以接受的部分。动物是攻击心发作时，以此来保护自己并延续生命。但同种类的动物之间，依仗着种群的生存本能，而攻击心并不发作。那么同种类动物的情况下，攻击心会变成什么呢？劳伦兹得出了"攻击心转变成爱"这一结论。

当时的我持有怀疑态度，那岂不是给动物套上了人类的情感论，有些太出格了吧？但劳伦兹是正确的，现在的我也这样想。像此前叙述的那样，相比竞争，是合作带来了生物的进化。而且，像环境中最大的力"爱"那样，最前沿的科学一定是支持劳伦兹的想法的。

90%以上古今中外"歌曲"的主题都是"爱"。披头士的《All You Need Is Love》这首歌诚然也是如此。但在最前沿的科学和哲学中，称为"爱"的东西除对我们人类情绪化的持续心跳等感情而言具有必要性以外，在生物学上也是必要的，是作为必然的存在而被捕捉的。因此，如第9章所叙述，如果在物质之前存在意识，则意识产生了物质，如果"爱"是最大的力的话，我认为宇宙的四种力是用爱结合在一起的，即使这样想是一点都不足为奇的。

## "爱"是拉张整体宇宙的"结合力"

我们的世界里，如果有"爱"也就有"恨"，如果有"善"也就有"恶"。全部是由双重性构成的。

请回忆一下"拉张整体"的话题。拉张整体也是由双重性构成的。拉张整体结构是特殊结构系统中，由压缩材料和拉伸材料构成的。非常显著的特征也是与其他系统所不同的。压缩材料彼此是"非连续"的，依靠彼此之间互不接触的"连续"，拉伸材料保持着各个位置的受力均衡。压缩材料和拉伸材料依靠保持相关性，使拉张整体成立，而连接全体的是拉力。

拉力是宇宙的构成部分。太阳、地球、月亮亦即所有的行星，都是拉张整体结构而不是悬浮于空间当中。为压缩材料的行星则根据称为引力的这一张力，被规定在彼此所在的位置上并相持着。

就像在拉张整体结构中，拉力是连接整体不可缺少的决定性存在那样，拉力对宇宙的均衡也是必需的存在。我想是"神"用拉力将万物建立起关系的。而且，我认为那个终极"神的设计"就是用称之为"爱"的拉力将万物联结起来保持联系。我想唯有"爱"才是连接"神"创造的这一拉张整体宇宙的伟大万物之"拉力"。

## 熵与健康整合状态

为了把热力学第二定律（热量是无法返回至原来状态这一"不可逆过程"，从高温物体转移到低温物体，无法返回的法则）以数量来表现，被导入时这一"熵"（Entropy）的概念。熵所指的是这一世界的物体本身所全部产生热能，是一边消耗一边迎接死亡的。

但是，熵只是在封闭环境下的概念，宇宙封闭与否无从得知，其证据在于周围的宇宙在慢慢地迎接"热之死"中，我们生活在称为地球的行星上诞生了各种各样的新生命。这是实际上发生着无法轻视的现象，基于这些，到底热力第二定律和熵到底在什么程度才是正确的呢？我的疑问正是这一点。

在科学上尚未被证明，但巴克敏斯特·富勒说道，"针对熵而言是不是存在作为宇宙的力的'负熵'（Syntropy）？"

熵（Entropy）英文开头的 EN 与能量（Energy）英文的 EN 一样都有"衰变""消耗"的含义。而"负熵"英文的 SYN，与 Symphony＝和谐，Synchronization＝同步，Synthesize＝合成的 SYN 一样都有"在一起""合成"之意。不用说在这个地球上延续着多种多样的生命，只用熵的法则中的"衰变""消耗"是解释不清的。

我想生命的诞生显而易见是因"SYN"＝"合成""在一起""负熵"（顺

对称重复，同向）来以此类推的，而且我想这个负熵的原形就是拉张整体宇宙的拉力，即"爱"。

## 生命是"形式"而非"物质"

生命归根结底是什么呢？巴克敏斯特·富勒说是一种"形式"。举例来说，称为弦这一物质，迅速旋转一圈后就形成一个结。那个结是物质性的弦，同时还是一种形式。结如果解开的话就没有了。这岂不正是生命的本质吗？富勒解释道。

即生命是作为物质的媒介而利用身体的，但也并非全部如此。好比像海浪一样。波浪因海水的上下起伏运动而产生，海水完全进行水平运动，只是作为媒介进行上下运动。其结果是诞生了称为"波浪"的形式。

富勒针对自己（生命）也作了如下的阐述："我看起来像是一个动词（I seem to be a verb）"，即称为"我"的生命体总是以运动和变化为基准的动词而非"名词"。

另外还有一个象征生命的通俗易懂的例子，"河流"。河中无"水"则不成"河"，但并非水本身。不流动的水的场合仅仅是积水，或者是池塘。因"流动"才能定义为河。有一首美空云雀的《如河流一般》的名曲，生命正是如此。生物学家神冈伸一（1959 年 -）的著书《生物与非生物之间》（讲谈社现代新书）中有"动态平衡"这一概念，也的确如其名，宇宙（生命）是动态而非静态的。

我们体内的细胞几乎都在定期进行着更换，其过程太过于缓慢所以我们平时几乎察觉不到，如果能早点看到这个过程的话，河流的流动"过程＝形式"，完全不变的事实就变得清晰明了。所谓我们的生命，事实上就像是那用肉眼看不见的"过程＝形式"的现象。

## 生与死的境界

说过宇宙万物都是由相关性构成的，因此接下来我想就"生与死的关系"进行一下阐述。

我认为区别"生"与"死"的要素是血液循环和象征运动的心跳次数。运动创造生命这一"过程"。因此生命在迎接死亡时，心脏或大脑的运动停止，意味着死亡来临。像这样的死亡是比较容易目睹的。但是，反过来会是怎样？生命的诞生，即从无机物突然诞生成有机物的瞬间，这种程度不易观察得到。现今在生命科学中，无机物与有机物的境界据说是病毒。病毒被认为是无生命的无机物和有生命的有机物的界面。

但一提起"生命源自何方？"科学也尚未得到确证。换言之，"生与死的境界"依然还是模糊不清，生命是从无人知晓的地方不知不觉诞生的。其意思可以说生命也是一种合作现象（部分行动是无法预测全体行动的，还有结果也无法预测）。

## 安乐"死"？

我们的身体在灭亡时，生命就此结束了。迄今为止，活着的人的身体虽然还存在，可"那个人"却已没有了。但在物质上没有发生任何变化。那个人濒临死亡前的体重与死后瞬间的体重是一样的，根据 2003 年制作的美国电影《21 克》，据说人死亡时只减少 21 克"灵魂的重量"。

我一直认为死亡是"新生命的诞生"。举例来说，蝴蝶从蛹中诞生。

蛹这一存在是死亡，从壳里诞生的是被称为蝴蝶的新生命。我们称为"死亡"的现象，实际上没有经历过是无从知晓的——我想这或许与蝴蝶一样？

也许"死亡"是像蝴蝶的蛹一样，丢掉一个媒介（壳）后进入不同的维度。死亡来临时，那里弦的结和作为像波浪那样的现象的形式虽然消逝了，但也许是灵魂去了他界。

那样的话，"死亡"是一个过程（形式）的终结，但却是另外过程（形式）的开始，没有什么可恐惧的，反之我想倒是可以期待不是吗？

当然谁都害怕死亡且不想死。但是，死亡只是将称为身体的物质介质扔掉，灵魂转入新的媒介不是吗？这么一想，我反倒对死亡这事变得期待起来。

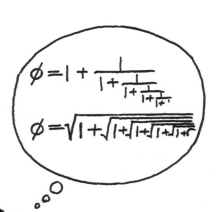

## 人类也是"GOoD DESIGN"的一部分

身为建筑师的我联想到世间之事,将本书附上"GOoD DESIGN"这一书名的理由缘于我认为这个宇宙——不仅物质宇宙,也包括看不见的宇宙——"神(自然)的最大建筑"。由此将 GOD 和 GOOD 组合在一起,创造出了"GOoD DESIGN"这一造词。

神(自然)把这个世间分成各种各样的领域,未创造之事清晰可见。人类的能力有限,不能像神(自然)那样万能地掌握一切。而且,还必须在有限的时空中生存。所以我们为了探究神(自然)创造的宇宙真理,采取物理、化学、哲学、数学、宗教等各种各样的方法。但是,它只是不同的通往真理的路。

自然界也是同样,植物、动物、人类……所有万物都是一个生命体且紧密相连,分类只不过是便利而已。如果没有蜜蜂的话,人类就无法活下去。也许会认为那是很愚蠢的想法,并且我想我们一定必须接受万物紧密相连的事实。再次重复,万物皆因相关性构成。我们人类是"GOoD DESIGN"的形式,即作为自然界活动的一部分必须要谦虚地持续探索生存之路。

即我们更要用整体的视野,也就是说要看待事物的全貌并进行判断是很重要的,每个配件相互之间是如何被联系在一起的,越清楚就越对世间的理解更深刻。我认为这不是单纯的知识渊博,而是真正意义上的贤明。

## 人类的使命是接近"神(自然)"

如第 9 章所述,地球上只有人类才拥有称为"意识"的能力并使用语言,做着各种各样的创造活动。被赋予知性能力的人类，傲慢地忘却了自己是自然界活动的一部分，时而违反时而脱离自然。而这也是人类独特且有趣的地方。但是我想，少说也得 100 年，人类好像才能朝着脱离方向转舵。

如前所述，达尔文弱肉强食的世界确实存在，但是生命并不是因竞争而进化到现在，据说在最前沿的生物学中"合作"远比竞争更能让生命体进化。

我认为宇宙的目的是靠近神（自然）。我们诞生在这个世间的理由是为了接近神（自然）和回归神（自然）。那里的方向性只有一个，那就是这个宇宙的建设性、积极性的进化。若用"善"和"恶"来说的话，还是向善，善必须胜利。平衡上虽然有伯仲，但是善的那面至少强出 1%。即宇宙总是至少朝着 1% 正确的方向持续进化并存在着。我一向是这么坚信的。反之如果恶剧烈退化的话，对我而言宇宙也就没有存在的意义。

既然生活在这样的一个宇宙结构中，我们人类也要以"GOoD DESIGN"为基础向自然学习，我认为应该积极的选择"更好的生活方式"。

我认为"艺术"是象征人类的一种行为，是人类在表现人类的行为，人类区别于其他所有动物的行为是被作为艺术来进行捕捉的。神（自然）只赋予了人类这一出色能力的意义何在？我确信是创造而非破坏，是朝着更好的方向前进吧？

"世界人口的增加已经远超粮食的生产能力。100% 的人类不能延续生命"，这是马尔萨斯所主张的人口与生活资源的增加不平衡这一人口理论。

但在今天人口的飞跃增长中，人类依靠自己的力量，可以生产和供给为了 100% 生存所需要的以食品为主的必需品。人类至少在操作上抛弃了"国境"这一概念，作为地球号宇宙飞船上的宇航员，相互合作、相互帮助，向着和平与繁荣而努力，我认为这是解除地域差距的原点。

所谓生命如神落下的一滴水滴涌起，又像消失在意识之海中的微波？　　　　　　©铃木爱德华

对自身而言也是比较难的，不能口吐狂言，人与人之间要保持同情之心、相互尊重、相互帮助以求生存，可以认为没有比这更为重要的了。

在对方身上感受到自己，在对方眼中发现自己。

我想世界上无论哪个宗教的根本教义都是"你若想被当成人，就请你先做人"。我想所有的宗教都倡导"爱"。即便如此，宗教之间也会发生纷争，真是不可思议的事情。

一年 $1,700,000,000,000（1兆7000亿美元）是全世界所花费的军事费用。仅仅为了争端就用掉这么多钱，谁能变得幸福呢？万物为了亲情、美好生活的未来与和平，如能将庞大的资金用于播种幸福该是多么美妙的事啊！

是到了坦率接受万物的千差万别的时候了，比如说民族、宗教、性别，LGBT（Lesbian，Gay，Bisexual，Transgender）等"差异"，互相认同、原谅过去，这样还推进不了一起友好的生活吗？我想，全人类的和平与繁荣是由接受每个人"不同"的内心所决定的。

现存社会＝不受"外部"的影响而迷惑，成为"内部"的个人意志，个人的"意识革命"很重要。每个人都要意识到"精神存在"而非绞尽脑汁寻找生存术，我认为觉醒是这个世界唯一的救赎。

必须要意识到"弱肉强食"的竞争时代已经终结。

GOod DESIGN 所展现出的"合作与共生"是宇宙的真理，而非"竞争"。作为"地球号宇宙飞船"的正确操作指南，衷心期待 GOod DESIGN 被采用的那一天。


## 我们即是神（自然）的全息投影？

之前叙述的内容有称为"全息图"这一光的现象。这是因两种光束，"工作光束"和"参考光束"的干涉而立体地浮现出光的图像。

假定有这一全息图像的玻璃板，将其掉在地上并摔碎。假如它在普通照片的玻璃板上有一个图像的场合，其整体图像就全部碎掉，什么都看不见了。每个碎片就像拼图那样只有一部分。

但在全息图的场合下，无论破成多小的碎片都保留着整体像，即全息图也是第 7 章所述的分形现象中的一种。只是与最初的整体像相比，碎片的分辨率降低，看起来模糊不清。碎片越小分辨率就越低。

我认为"神即光"。其意为"神的确是"（W-holographic 造词），而且我认为我们是否为"神"的小分形后的全息图，即全息图的图像玻璃板整体是"神"，破裂的小碎片是我们每一个人。

即我们只是称为"神"的整体中极小一部分的表现。如圣经上所描述的那样，"神"根据自己的想象创造了我们。无论是多么渺小的存在，在我们每个人的心中都隐藏着"神"的整体像。全息图的图像板即使破碎了，无论对多小的碎片都好像是留下了整体像。

与其说我们本来是从同一存在中诞生而来的，还不如说本来就是同一存在。浮出海面的岛屿乍一看很孤立，然而实际上在海底深处却好像是连成一体的。即神（自然）与人、人与人之间是不存在境界的。因此，你中有我、我中有你，而且我们大家实际上都是同一存在的。为了今后的地球和世间，像那样的"意识革命""精神觉醒"，我确信现在是最为必要的。

我们是神（自然）的孩子，不，是神（自然）的一部分。我认为我们是为此觉醒而来到这个世间的。生于此世，由于是偶发（emergent）现象，逐渐地掌握了意识、知识和智慧，朝着宇宙的真理继续迈进。

但宇宙是芝诺（Zeno）的悖论。朝着靶方向射出的箭，在最初的一瞬间飞到距离靶的一半，接下来的一瞬间飞到剩余一半距离的一半，再接下来的一瞬间再飞到剩余距离的一半。箭总是朝着靶的方向飞，因为常常只能飞行剩余距离的一半，其结果总是接近却又永远到达不了。这才是宇宙的原动力，我想这是否是人类的宿命？

经常积极地面向目标不断进化。而且永远总是接近但却到达不了的目标到底在哪里？又是以何种形式存在的？

宇宙的真理好似在触及不到的远处却又依稀可见。而另一方面，我觉得又像蓝色的鸟一样，让我们触手可及。

# 致谢

本书（日文版）是根据小学馆网络杂志
在《BOOK PEOPLE》上的连载（2010 年 2 月 8 日－2012 年 8 月 8 日），
并新增了亲笔插图，经过大幅删改和编辑，整理而成的。

网络连载期间承蒙
WRITER HOUSE 的各位工作人员，
设计师渡部裕一、山内隆之（装帧设计）、
封面摄影师白鸟真太郎、
C60 模型摄影田中麻以（小学馆摄影室）、
专职制作人山川史郎（小学馆出版局），
以及责任编辑楠田武治（小学馆国际事业开发室）。
深深地感谢大家的帮助！

还有需要感谢帮助解读晦涩文字并加以编辑的秘书柴纪子，
以及给予诸多建议和支持的妻子百合子，
特此由衷地表示感谢！

最后，向以铃木爱德华建筑设计事务所董事副所长难波寿治为首，
现在的员工、过去的员工以及多年支持本事务所的所有人，
深深地表示感谢！

铃木爱德华

## 铃木爱德华（Edward Suzuki）

出生于 1947 年 9 月 18 日

### 学历

| | |
|---|---|
| 1966-1971 年 | 诺特丹大学建筑学学士 |
| 1973-1975 年 | 哈佛大学大学院城市设计建筑学硕士 |
| | （1/2 的课程在麻省理工学院） |

### 奖学金

| | |
|---|---|
| 1966-1971 年 | 福特奖学金 |
| 1973-1974 年 | 富布赖特（Full bright）奖学金 |

### 经历

| | |
|---|---|
| 1974 年 | 巴克敏斯特·富勒 &SADAO/ 野口勇喷泉 & 广场 |
| 1975-1976 年 | 丹下健三都市建筑设计研究所 |
| 1977 年 | 成立铃木爱德华建筑设计事务所 |
| 1985 年 | 全程参加夏威夷钢铁侠铁人三项 |
| 1995 年 | 罗德岛设计学院（美国）客座教授、哈佛设计研究院（美国）客座评审员 |
| 2002 年 | 作为张拉整体的原子，根据电子轨道几何学的特性发表了原子结构的模型 1、模型 2（2007 年）。 |
| 2002-2012 年 | 改建 & 更新建筑再生展委员及设计创意竞赛审查委员长 |
| 2008-2009 年 | 奥迪品牌大使 |
| 2009 年 | TED×Tokyo 2009 "GOoD DESIGN" |
| 2010 年 | 财团法人石桥财团评审员 |
| | 诺特丹大学 "亚洲研究咨询委员会" 成员 |
| 2012 年 | TED×Tokyo  Worldwide Talent Search Finalist |
| | Atometrix "建筑家眼中的原子结构" 发表论文 "有关相对论的笔记" |

著作权合同登记图字：01-2021-1722 号

**图书在版编目（CIP）数据**

设计的哲学 = GOoD DESIGN /（日）铃木爱德华著；
奚望，王曲辉译. —北京：中国建筑工业出版社，
2023.1

ISBN 978-7-112-27901-2

Ⅰ.①设… Ⅱ.①铃… ②奚… ③王… Ⅲ.①建筑学
—研究 Ⅳ.①TU-0

中国版本图书馆 CIP 数据核字（2022）第 166407 号

KAMI NO DESIGN TETSUGAKU GOoD DESIGN
by Edward SUZUKI
© 2013 Edward SUZUKI
All rights reserved.
Original Japanese edition published by Shogakukan Inc.
Chinese (in simplified characters) translation rights in China (excluding Hong Kong, Macao
and Taiwan) arranged with Shogakukan Inc. through Shanghai Viz Communication Inc.
插图：铃木爱德华
日文版取材・协助：Writer House
本书由日本小学馆授权我社独家翻译、出版、发行。


责任编辑：吴　尘　刘文昕　戚琳琳
书籍设计：瀚清堂　张悟静
责任校对：王　烨


设计的哲学 GOoD DESIGN
［日］ 铃木爱德华　著／奚望　王曲辉　译
　　＊
中国建筑工业出版社出版、发行（北京海淀三里河路 9 号）
各地新华书店、建筑书店经销
北京建筑工业印刷有限公司制版
北京富诚彩色印刷有限公司印刷
　　＊
开本：787 毫米×1092 毫米　1/32　印张：5⅜　插页：8　字数：132 千字
2024 年 5 月第一版　　2024 年 5 月第一次印刷
定价：**50.00** 元
ISBN 978-7-112-27901-2
（35319）